中　等　职　业　学　校　机　电　类　规　划　教　材
ZHONGDENG ZHIYE XUEXIAO JIDIANLEI GUIHUA JIAOCAI
机电技术应用专业系列

三菱可编程序控制器技术与应用

范国伟　主编
莫南钊　副主编

MECHATRONIC TECHNOLOGY

人 民 邮 电 出 版 社
北　京

图书在版编目（C I P）数据

三菱可编程序控制器技术与应用 / 范国伟主编. --
北京 : 人民邮电出版社, 2010.4（2023.2重印）
中等职业学校机电类规划教材. 机电技术应用专业系
列
ISBN 978-7-115-22369-2

Ⅰ. ①三… Ⅱ. ①范… Ⅲ. ①可编程序控制器—专业
学校—教材 Ⅳ. ①TM571.6

中国版本图书馆CIP数据核字(2010)第034547号

内 容 提 要

本书以任务驱动法的形式组织理论和实践内容，以项目为基本单位，在项目中把所需的理论与实践知识有机地结合起来，提高学生的学习效率。本书的主要内容包括 PLC 的产生、特点、应用及发展趋势，PLC 的组成及工作原理，三菱 FX 系列 PLC 的指令系统，各种指令的实际应用，PLC 控制系统的设计方法。

本书可作为中等职业学校机电技术应用、电气运行与控制、电子技术应用等专业的教材，也可作为相关技术人员的参考用书。

中等职业学校机电类规划教材
机电技术应用专业系列
三菱可编程序控制器技术与应用

◆ 主　　编　范国伟
副 主 编　莫南钊
责任编辑　李海涛

◆ 人民邮电出版社出版发行　　北京市丰台区成寿寺路 11 号
邮编　100164　　电子邮件　315@ptpress.com.cn
网址　http://www.ptpress.com.cn
固安县铭成印刷有限公司印刷

◆ 开本：787×1092　1/16
印张：9　　　　2010 年 4 月第 1 版
字数：226 千字　　　　2023 年 2 月河北第 11 次印刷

ISBN 978-7-115-22369-2

定价：18.00 元

读者服务热线：(010) 81055256　印装质量热线：(010) 81055316
反盗版热线：(010) 81055315

丛书前言

我国加入 WTO 以后，国内机械加工行业和电子技术行业得到快速发展。国内机电技术的革新和产业结构的调整成为一种发展趋势。因此，近年来企业对机电人才的需求量逐年上升，对技术工人的专业知识和操作技能也提出了更高的要求。相应地，为满足机电行业对人才的需求，中等职业学校机电类专业的招生规模在不断扩大，教学内容和教学方法也在不断调整。

为了适应机电行业快速发展和中等职业学校机电专业教学改革对教材的需要，我们在全国机电行业和职业教育发展较好的地区进行了广泛调研；以培养技能型人才为出发点，以各地中职教育教研成果为参考，以中职教学需求和教学一线的骨干教师对教材建设的要求为标准，经过充分研讨与精心规划，对《中等职业学校机电类规划教材》进行了改版，改版后的教材包括 6 个系列，分别为《专业基础课程与实训课程系列》、《数控技术应用专业系列》、《模具制造技术专业系列》、《计算机辅助设计与制造系列》、《电子技术应用专业系列》和《机电技术应用专业系列》。

本套教材力求体现国家倡导的“以就业为导向，以能力为本位”的精神，结合职业技能鉴定和中等职业学校双证书的需求，精简整合理论课程，注重实训教学，强化上岗前培训；教材内容统筹规划，合理安排知识点、技能点，避免重复；教学形式生动活泼，以符合中等职业学校学生的认知规律。

本套教材广泛参考了各地中等职业学校的教学计划，面向优秀教师征集编写大纲，并在国内机电行业较发达的地区邀请专家对大纲进行了多次评议及反复论证，尽可能使教材的知识结构和编写方式符合当前中等职业学校机电专业教学的要求。

在作者的选择上，充分考虑了教学和就业的实际需要，邀请活跃在各重点学校教学一线的“双师型”专业骨干教师作为主编。他们具有深厚的教学功底，同时具有实际生产操作的丰富经验，能够准确把握中等职业学校机电专业人才培养的客观需求；他们具有丰富的教材编写经验，能够将中职教学的规律和学生理解知识、掌握技能的特点充分体现在教材中。

为了方便教学，我们免费为选用本套教材的老师提供教学辅助光盘，光盘的内容为教材的习题答案、模拟试卷和电子教案（电子教案为教学提纲与书中重要的图表，以及不便在书中描述的技能要领与实训效果）等教学相关资料，部分教材还配有便于学生理解和操作演练的多媒体课件，以求尽量为教学中的各个环节提供便利。

我们衷心希望本套教材的出版能促进目前中等职业学校的教学工作，并希望能得到职业教育专家和广大师生的批评与指正，以期通过逐步调整、完善和补充，使之更符合中职教学实际。

欢迎广大读者来电来函。

电子函件地址：lihaitao@ptpress.com.cn, liushengping@ptpress.com.cn

读者服务热线：010-67143761, 67132792, 67184065

前 言

随着微电子技术和计算机技术的迅猛发展，可编程序控制器更多地具有了计算机的功能，不仅能实现逻辑控制，还具有了数据处理、通信、网络等功能。由于它可通过软件来改变控制过程，而且具有体积小、组装维护方便、编程简单、可靠性高、抗干扰能力强等特点，已广泛应用于工业控制的各个领域，是现代工业自动化三大支柱（PLC、机器人、CAD/CAM）之一，大大推进了机电一体化进程。鉴于可编程序控制器技术在工业控制领域的重要性，许多职业院校将其作为机电、电气自动化、数控等专业的专业课程。结合目前我国中等职业教育领域中 PLC 的应用情况，本书选择了有较高性价比的三菱电机公司 FX_{2N} 小型 PLC 作为编写对象，从实际应用出发，对小型机的指令系统及编程方法做了比较详细的介绍。

在编写过程中，力求体现职业教育的性质、任务和培养目标，由浅入深，通俗易懂，以提高动手能力为主要目标，突出教材的实用性、适用性和先进性。本书可作为中等职业学校教材，也可作为在职人员培训教材或工程技术人员的技术参考书。

本书尝试打破原有的教材编写模式，以任务驱动的形式组织理论和实践内容，以项目为基本单位，在项目中把所需的理论与实践知识有机地结合起来，提高学生的学习效率。

本书既强调基础，又力求体现新知识、新技术、新工艺，教学内容与国家职业技能鉴定规范相结合，通过配套的技能训练项目来加强学生技能的培养。

本课程的教学时数为 72 学时，各项目的参考教学课时见以下的课时分配表。

项　目	课程内容	课时分配		
		讲　授	练习与实训	复习与总结
项目一	了解 FX 系列 PLC	1	1	1
项目二	可编程序控制器的工作原理	2	1	1
项目三	FX-20P-E 手持编程器的使用	2	2	1
项目四	GX Developer 编程软件及在线仿真	2	2	1
项目五	电动机单向点动运行 PLC 控制	2	2	1
项目六	电动机单向连续运行 PLC 控制	2	2	1
项目七	节日灯顺序点亮程序实施	2	2	1
项目八	电动机正反转连续运行 PLC 控制	2	2	1
项目九	交通灯控制系统	2	2	1
项目十	物料运送小车自动运行控制	2	2	1
项目十一	大小球分类传送控制	2	2	1
项目十二	物料传送中的识别控制	2	2	1
项目十三	机械手的自动控制	2	2	1
项目十四	物料运送小车呼叫送料运行控制	2	2	1
项目十五	PLC 系统综合设计练习	2	2	1
课时总计		29	28	15

本书由安徽工业大学范国伟教授任主编，广东省农工商职业技术学校莫南钊老师任副主编，安徽省马鞍山工业学校周昊老师、安徽省马鞍山技师学院关越老师和袁洪刚老师、安徽省当涂职业教育中心任小平老师、安徽工业大学电气中心实验室桑建明老师、马鞍山钢铁设计院朱丹老师参加了编写工作，安徽职业技术学院程周教授审阅了全部书稿并提出了很多宝贵意见，在此表示感谢。

由于编者水平有限，书中难免存在错误和不妥之处，希望广大读者批评指正。

编 者

2010 年 2 月

目　录

项目一

了解 FX 系列 PLC

可编程序控制器虽然出现还不足 50 年，但发展的势头锐不可当。由于采用了计算机的 CPU 核心技术，同微型计算机一起并行得到了巨大的发展。下面做一些简单的介绍。

一、任务目标

- 了解 PLC 的产生和基本概念、PLC 的分类、了解 PLC 的发展历程和应用情况。
- 了解 FX_{2N} PLC 的基本性能指标。
- 了解 FX 系列 PLC 的型号命名方式、外型和 FX 系列 PLC 的特点。

二、任务知识

（一）可编程序控制器的产生和定义

可编程序控制器（Programmable Controller）是计算机家族中的一员，是为工业控制应用而设计的。早期的可编程序控制器称为可编程逻辑控制器（Programmable Logic Controller），简称 PLC，用它来代替继电器实现逻辑控制。随着技术的发展，可编程序控制器的功能已大大超过了逻辑控制的范围，所以，目前人们都把这种装置称作可编程序控制器，简称 PC（国标简称可编程序控制器为 PC 系统）。为了避免与目前应用广泛的个人计算机（Personal Computer）的简称 PC 相混淆，所以仍将可编程序控制器简称为 PLC。

1968 年，美国通用汽车公司（GM）为改造汽车生产设备的传统控制方式，解决因汽车不断改型而重新设计汽车装配线上各种继电器的控制线路问题，提出了著名的 10 条技术招标指标在社会上招标，要求制造商为其装配线提供一种新型的控制器，它应具有以下特点。

① 编程方便，可现场修改程序

② 维修方便，采用插件式结构

③ 可靠性高于继电器控制系统

④ 体积小于继电器控制柜

⑤ 数据可直接送入管理计算机

⑥ 成本可与继电器控制系统竞争

⑦ 输入可为市电

⑧ 输出可为市电，输出电流要求在 2A 以上，可直接驱动电磁阀、接触器等

⑨ 系统扩展时，原系统变更最小

⑩ 用户存储器容量大于 4KB

1969 年末，美国数字设备公司（DEC）根据上述要求研制出世界上第一台可编程序控制器，型号为 PDP-14，在美国通用汽车自动生产线上试用，并获得成功，取得了显著的经济效益。这种新型的智能化工业控制装置很快在美国其他工业控制领域推广应用，至 1971 年，已成功将 PLC 用于食品、饮料、冶金、造纸等行业。

PLC 的出现，受到了世界各国工业控制界的高度重视。1971 年日本从美国引进了这项新技术，很快研制出日本第一台 PLC。1973 年西欧国家也研制出了他们的第一台 PLC。我国的 PLC 研制始于 1974 年，于 1977 年开始于工业应用。

随着半导体技术，尤其是微处理器和微型计算机技术的发展，20 世纪 70 年代中期以后，PLC 已广泛使用微处理器作为中央处理器，输入/输出模块和外围电路也都采用中、大规模甚至超大规模集成电路，这时的 PLC 已不再是仅有逻辑判断功能，还同时具有数据处理、PID 调节和数据通信功能。

国际电工委员会（IEC）1987 年颁布的可编程序控制器标准草案中对可编程序控制器做了如下的定义：可编程序控制器是一种数字运算操作的电子系统，专为在工业环境下应用而设计。它采用了可编程序的存储器，用于其内部存储程序，执行逻辑运算、顺序控制、定时、计数和算术运算等面向用户的指令，并通过数字和模拟式的输入和输出，控制各种类型的机械或生产过程。可编程序控制器及其有关外围设备，都按易于与工业控制系统连成一个整体，易于扩展其功能的原则设计。

可编程序控制器对用户来说，是一种无触点的智能控制器，也就是说，PLC 是一台工业控制计算机，改变程序即可改变生产工艺，因此可在初步设计阶段选用 PLC；另一方面，从 PLC 的制造商角度看，PLC 是通用控制器，适合批量生产。

（二）可编程序控制器分类和应用

1. 可编程序控制器的分类

PLC 的种类很多，使其在实现的功能、内存容量、控制规模、外形等方面都存在较大的差异，因此，PLC 的分类没有一个严格、统一的标准，而是按 I/O 总点数、组成结构、功能进行大致的分类。

（1）按 I/O 总点数分类。按 I/O 总点数分，PLC 通常分为小型、中型、大型 3 类。

① 小型 PLC：I/O 总点数为 256 点及其以下的 PLC。

② 中型 PLC：I/O 总点数超过 256 点且在 2048 点以下的 PLC。

③ 大型 PLC：I/O 总点数为 2048 点及其以上的 PLC。

还有，把 I/O 总点数少于 32 点的 PLC 称为微型或超小型 PLC，而把 I/O 总点数超过万点的 PLC 称为超大型 PLC。

此外，不少 PLC 生产企业根据自己生产的 PLC 产品的 I/O 总点数情况，也存在着企业内部的划分标准。应当指出，目前国际上对于 PLC 按 I/O 总点数分类，并无统一的划分标准，而且可以预料，随着 PLC 向两极化方向发展，按 I/O 总点数划分类别是目前流行的标准，也势必会出现一些变化。

（2）按组成结构分类。按组成结构分，PLC 可分为整体式和模块式两类。

① 整体式 PLC。整体式 PLC 是将中央处理器、存储器、I/O 点、电源等硬件都装在一个箱状机壳内，结构非常紧凑。它的体积小，价格低，小型 PLC 一般采用整体式结构。图 1-1 所示为三菱公司的 FX_{1S} 系列 PLC。

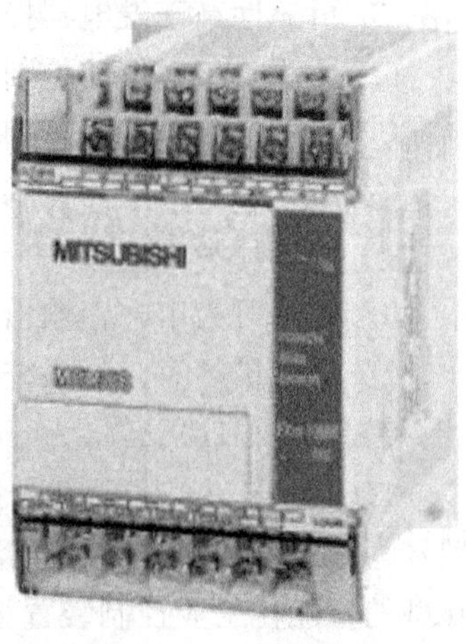

图 1-1 FX_{1S} PLC

整体式 PLC 提供多种不同的 I/O 点数的基本单元和扩展单元

供用户选用，基本单元内有CPU模块、I/O模块和电源，扩展单元内只有I/O模块和电源，基本单元和扩展单元之间用扁平电缆连接。各单元的输入点与输出点的比例是固定的，有的PLC有全输入型和全输出型的扩展单元。选择不同的基本单元和扩展单元，可以满足用户的不同要求。

整体式PLC一般配备有许多专用的特殊功能单元，如模拟量I/O单元、位置控制单元和通信单元等，使PLC的功能得到扩展。

FX系列的基本单元、扩展单元和扩展模块的高度深度相同，但宽度不同。它们不用基板，各模块可用底部自带的卡子卡在DIN导轨上，两个相邻的单元或模块之间用扁平电缆连接，安装好后组成一个整齐的长方体。

② 模块式PLC。大、中型PLC（如三菱的A系列和Q系列）一般采用模块式结构。模块式PLC用搭积木的方式组成系统，它由机架（有的厂家称机架为基板）和模块组成，如图1-2所示。

模块式PLC是将PLC的各部分分成若干个单独的模块，如将CPU、存储器组成主控模块；将电源组成电源模块；将若干输入点组成I模块，若干输出点组成O模块；将某项的功能，专门制成一定的功能模块等。模块式PLC由用户自行选择所需要的模块，安插在机架或基板上。

图1-2 Q系列PLC

PLC厂家备有不同槽数的机架供用户选用，如果一个机架容纳不下所选用的模块，可以增设一个或数个扩展机架，各机架之间用I/O扩展电缆相连，有的PLC需要通过接口模块来连接各机架。模块式PLC具有配置灵活、装配方便、便于扩展和维修等优点，较多用于中型或大型机。由于其输入/输出模块可根据实际需要任意选择，组合灵活，维修方便，致使目前也有一些小型机采用模块式。近期，也出现了把整体式、模块式两者的长处结合为一体的一种PLC结构，即所谓的叠装式PLC。它的CPU和存储器、电源、I/O等单元依然是各自独立模块，但它们之间通过电缆进行连接，且可一层层地叠装，既保留了模块式可灵活配置之所长，也体现了整体式体积小之优点。

（3）按功能分类。按功能分，PLC可大致分为低档、中档、高档机3种。

① 低档机：具有逻辑运算、计时、计数、移位、自诊断、监控等基本功能，还可能具有少量的模拟量输入/输出、算术运算、数据传送与比较、远程I/O、通信等功能。

② 中档机：除具有低档机的功能外，还具有较强的模拟量输入/输出、算术运算、数据传送与比较、数据转换、远程I/O、子程序、通信联网等功能。还可能增设中端控制、PID控制等功能。

③ 高档机：除具有中档机的功能外，还有符号运算（32位双精度加、减、乘、除及比较）、矩阵运算、位逻辑运算（置位、清除、右移、左移）、平方根运算及其他特殊功能函数的运算、表格传送及表格功能等。而且高档机具有更强的通信连网功能，可用于大规模过程控制，构成全PLC的集散控制系统或整个工厂的自动化网络。

2. 可编程序控制器的应用

目前，PLC在国内外已广泛应用于钢铁、石油、化工、电力、食品、机械制造、汽车、纺织，交通运输、环保、文化娱乐等行业。随着PLC性价比的不断提高，其应用范围不断扩大，大致可归结为以下几类。

（1）开关量的逻辑控制。这是PLC最基本、最广泛的应用领域，它取代传统的继电-接触器控制器系统，实现逻辑控制、顺序控制，可用于单机控制、多机群控制、自动化生产线的控制等，如注塑机、组合机床，磨床，自动化生产线等。

（2）位置控制。大多数的PLC制造商，目前都提供拖动步进电动机或伺服电动机的单轴或多轴位置控制模板。这一功能可用于各种机械，如金属成形机床、装配机器人、电梯等。

（3）过程控制。过程控制是指对温度、压力、流量等连续变化的模拟量的闭环控制。PLC通过模拟量I/O模块，实现模拟量和数字量之间的A/D、D/A转换，并对模拟量进行闭环PID控制。现代的大型、中型PLC一般都有闭环PID控制模板。这一功能可用PID子程序来实现，也可用专用的智能PID模块实现。

（4）数据处理。PLC具有数学运算（函数运算、逻辑运算）、数据传送、转换、排序和查表、位操作等功能，也能完成数据的采集、分析和处理。这些数据可通过通信接口传送到其他智能装置。

（5）通信连网。PLC的通信包括PLC相互之间、PLC与上位机、PLC与其他智能设备间的通信。PLC系统与通用计算机可以直接通过通信处理单元、通信转换器相连构成网络，以实现信息的交换，并可构成“集中管理、分散控制”的分布式控制系统，满足工厂自动化系统发展的需要。各PLC系统过程I/O模块按功能各自放置在生产现场分散控制，然后采用网络连接构成信息集中管理的分布式网络系统。

（三）可编程序控制器的发展

PLC自问世以来，经过近45年的发展，已成为很多国家的重要产业，PLC在国际市场已成为最受欢迎的工业控制产品。随着科学技术的发展及市场需求量的增加，PLC的结构和功能在不断地改进，生产厂家不停地将更强的PLC推入市场，平均3～5年就更新一次。

PLC的发展方向主要有以下几个方面。

（1）向体积更小、速度更快的方向发展。虽然现在小型PLC的体积已经很小，但是微电子技术及电子电路装配工艺的不断改进，都会使PLC的体积变得更小，以便于嵌入到任何小型的机器和设备之中，同时PLC的执行速度也越来越快，目前大型PLC的程序执行速度可高达34ns，从而保证了控制作用的实时性，可使系统的控制作用及时、准确。

（2）向大型化、高可靠性、好的兼容性、多功能方向发展。现在的大型PLC向着容量大、智商高和通信功能强的方向发展。对于大规模、复杂系统进行综合自动控制的PLC，大多已采用多CPU的结构，如三菱公司的AnA系列可编程序控制器使用了世界上第一个在一块芯片上实现PLC全部功能的32位微处理器，即顺序控制专用芯片，其扫描一条基本指令的时间为0.15μs。松下公司的FP10SH系列PLC采用32位5级流水线RISC结构的CPU，可以同时处理5条指令，顺序指令的执行速度高达0.04μs，高级功能指令的执行速度也有很大的提高。在有两个通信接口、256个I/O点的情况下，FP10SH中的扫描时间为0.27～0.42ms，大大提高了处理程序的速度。

在模拟量的控制方面，除了专门用于模拟量闭环控制的PID模块外，随着模糊控制技术的发展，已出现具有模拟量的模糊控制、自适应、参数自整定功能的可编程序控制器，应用方便，调试时间缩短，控制精度进一步得到提高。

（3）与其他工业控制产品的结合。在大型自动控制系统中计算机和PLC在应用功能方面互相融合、互补、渗透，使控制系统的性价比不断提高。目前，工业控制系统的趋势是采用开放式的应用平台，即网络、操作系统、监视及显示均采用国际标准或工业标准，如操作系统采用UKIX、MS-DOS、Windows、OS2等，这样可实现不同厂家的PLC产品可以在同一个网络中运行。

目前，个人计算机主要用作 PLC 的编程器、操作站或人机接口终端。1988 年美国 AB 公司与 DEC 公司联合开发的金字塔集成器，使 PLC 和工业控制计算机有机地结合在一起，研制出一种新型的 IPLC 型可编程序控制器（集成 PLC）。IPLC 是运行 DOS 或 Windows 操作系统的可编程序控制器，它实际上是一个能用梯形图语言以实施方式控制的 I/O 计算机。近年来推出以计算机和 PLC 结合应用的方式有：在 PLC 的 CPU 模块旁边加插 Windows CPU 或在计算机总线上插入 PLC 的 CPU 模块，采用这种方式后生产和管理更加便利，将数据处理、通信、控制程序统一起来，保留了 PLC 的简单、易用和高可靠性的特点，同时又具有计算机强大的数据处理能力，使现场的生产数据、生产计划调度、管理可以直接上机操作获取。

（四）FX 系列 PLC 型号和外型

1. FX 系列 PLC 型号和外型

三菱电机公司是日本 PLC 的主要生产厂家之一。FX 系列 PLC 是三菱电机的小型 PLC。FX_{1N} 型 PLC 主机单元有 14 点、24 点、40 点和 60 点 4 种，最大可配置到 128 点。FX_{1S} 属于超小型 PLC，主机控制点数有 10 点、14 点、20 点、30 点 4 种。FX_{2N} 是三菱具有代表性的小型 PLC，FX_{2N} 的体积只有 FX_2 的 50%，而运行速度比 FX_2 快 6 倍，达到 0.08 微秒/步。2005 年，三菱电机公司刚刚推出的小型机 FX_{3U} 是 FX 系列第三代产品，基本指令的运行速度为 0.065 微秒/步，内存容量为 64K 字。图 1-3 所示为 FX 系列部分型号 PLC 的基本单元。

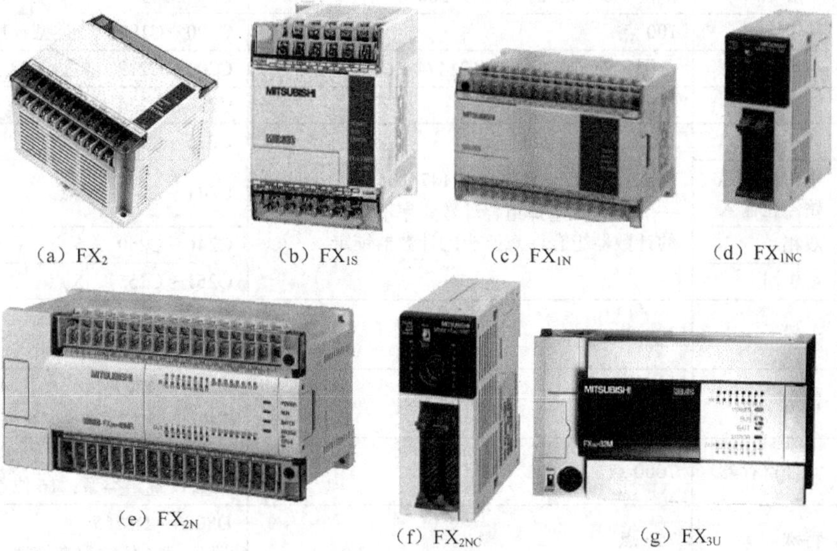

（a）FX_2　（b）FX_{1S}　（c）FX_{1N}　（d）FX_{1NC}　（e）FX_{2N}　（f）FX_{2NC}　（g）FX_{3U}

图 1-3　FX 系列 PLC

因为目前普遍使用的是 FX_{2N} 可编程序控制器，所以本书着重介绍 FX_{2N} PLC。FX_{2N} 的基本性能指标见表 1-1。

表 1-1　FX_{2N} 的基本性能指标

项　目	规　格	备　注
运转控制方法	通过存储的程序周期运转	
I/O 控制方法	批次处理方法（当执行 END 指令时）	I/O 指令可以刷新
运转处理时间	基本指令：0.08 微秒/步 应用指令：1.52 至几百微秒/步	

续表

项目		规格	备注
编程语言		逻辑梯形图和指令清单	使用步进梯形图能生成 SFC 类型程序
程序容量		8000 步内置	使用附加寄存器盒可扩展到 16000 步
指令数目		基本顺序指令：27 步进梯形指令：2 应用指令：128	最大可用 298 条应用指令
I/O 配置		最大硬体 I/O 配置点 256，依赖于用户的选择（最大软件可设定地址输入、输出各 256）	
辅助继电器（M 线圈）	一般	500 点	M0～M499
	锁定	2572 点	M500～M3071
	特殊	256 点	M8000～M8255
状态继电器（S 线圈）	一般	490 点	S10～S499
	锁定	400 点	S500～S899
	初始	10 点	S0～S10
	信号报警	100 点	S900～S999
定时器（T）	100ms	范围：0～3276.7s　200 点	T0～T199
	10ms	范围：0～327.67s　46 点	T200～T245
	1ms 保持	范围：0～32.767s　4 点	T246～T249
	100ms 保持	范围：0～3276.7s　6 点	T250～T255
计数器（C）	一般 16 位	范围：0～32767　200 点	C0～C199　类型：16 位加计数器
	锁定 16 位	100 点	C100～C199　类型：16 位加计数器
	一般 32 位	范围：2147483648～+2147483647　35 点	C200～C219　类型：32 位加/减计数器
	锁定 32 位	15 点	C220～C234　类型：32 位加/减计数器
高速计数器（C）	单相	范围：-2147483648～+2147483647 一般规则：选择组合计数频率不大于 20kHz 的计数器组合注意所有的计数器锁定	C235～C240　6 点
	单相 c/w 起始停止输入		C241～C245　5 点
	双相		C246～C250　5 点
	A/B 相		C251～C255　5 点
数据寄存器（D）	一般	200 点	D0～D199 类型：32 位元件的 16 位数据存储器对
	锁定	7800 点	D200～D7999 类型：32 位元件的 16 位数据存储器对
	文件寄存器	7000 点	D1000～D7999 通过 14 块 500 程序步的参数设置　类型：16 位数据存储器
	特殊	256 点	D8000～D8255 类型：16 位数据存储器
	变址	16 点	V0～V7 以及 Z0～Z7 类型：16 位数据存储器
指针（P）	用于 CALL	128 点	P0～P127
	用于中断	6 输入点、3 定时器、6 计数器	
嵌套层数		用于 MC 和 MCR	N0～N7
常数	十进制（K）	16 位:-37268～+32767　32 位: -2147483648～+2147483647	
	十六进制（H）	16 位:0000～FFFF　32 位:00000000～FFFFFFFF	
	浮点	32 位: $\pm 1.75 \times 10^{-38}$　$\pm 3.403 \times 10^{-38}$　（不能直接输入）	

2. FX 系列 PLC 的型号命名方式

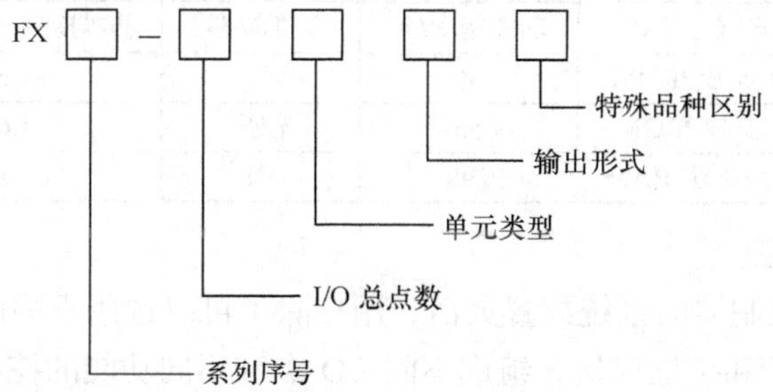

（1）系列序号：0、0N、2、2C、1S、1N、1NC、2N、2NC、3U。

（2）I/O 总点数：10～256。

（3）单元类型：M—基本单元；

E—扩展单元（输入输出混合）；

EX—扩展输入单元（模块）；

EY—扩展输出单元（模块）。

（4）输出形式：R—继电器输出；

T—晶体管输出；

S—晶闸管输出。

（5）特殊品种区别：D—DC 电源，DC 输入；

A—AC 电源，AC 输入；

H—大电流输出扩展模块；

V—立式端子排的扩展模块；

C—接插口输入输出方式；

F—输入滤波器 1ms 的扩展单元；

L—TTL 输入型扩展单元；

S—独立端子（无公共端）扩展单元。

（五）FX 系列可编程序控制器的特点

1. 微型可编程序控制器概述

FX_{1S}、FX_{0N} 和 FX_{2N} 系列微型可编程序控制器的直流电源型单元比交流电源型单元的体积又减少了许多，很适合于在机电一体化产品中使用，其内装的 DC24V 电源可作为传感器的辅助电源，增加了使用的灵活性。

2. 先进美观的外部结构

FX 系列可编程序控制器吸收了整体式和模块式可编程序控制器的优点，它的基本单元、扩展单元和扩展模块的高度和宽度相同，但是长度不同，仅用扁平电缆连接，可以紧密拼装后组成一个整齐的长方体。

3. 提供了多种子系列供用户选用

FX_{1S}、FX_{0N} 和 FX_{2N} 的外形差不多，但是性能和功能却有很大的差异，如表 1-2 所示。

FX_{1S} 的功能简单实用，价格便宜，可用于小型开关量控制系统；FX_{0N} 可用于要求较高的中小型系统；FX_{2N} 的功能强大，可用于要求很高的系统。由于不同的系统可以选用不同系列，避免了功能的浪费，特别是避免了需要用硬件来实现的功能的浪费，使用户能用最少的投资满足系统的要求。

表 1-2　FX 系列性能和功能比较

型号	I/O 点数	用户程序步数	功能指令/条	通信功能	基本指令执行时间（μs）	模拟量模块
FX_{1S}	10～30	800 步 E^2PROM	50	无	1.6～3.6	无
FX_{0N}	24～128	2K 步 E^2PROM	55	较强	1.6～3.6	有
FX_{2N}	16～256	内附 8K 步 RAM	298	强	0.08	有

4．系统配置灵活多变

FX 系列可编程序控制器的系统配置灵活，用户除了可以选用不同的子系列外，还可以选用多种基本单位、扩展单元和扩展模块，组成不同 I/O 点和不同功能的控制系统，各种不同的配置都可以得到很高的性价比。FX 系列的硬件配置就像模块式可编程序控制器那样灵活，因为它的基本单元采用整体式结构，又具有比模块式可编程序控制器更高的性价比。

每台 FX_{2N} 可将一块功能扩展板安装在基本单元内，不需要外部的安装空间，这种功能扩展板的价格非常便宜，功能扩展板包括 8 点模拟量设定单元、RS-232C 通信板、RS-485 通信板、适配器连接板。

FX_{2N} 系列有多种特殊模块，如模拟量输入输出模块、热电阻，热电偶温度传感器用模拟量输入模块、高速计数模块、1 轴，2 轴位置控制单元和位置控制模块、脉冲输出模块、MELSECNET/MINI 接口模块和 ID 接口模块。

FX 系列可编程序控制器还有多种规格的数据存取单元，可用来修改定时器、计数器的设定值和数据寄存器的数据，也可以用来作监控装置，有的显示字符，有的可以显示画面。

FX 还有输出电流分别为 1A 和 2A 的 DC24V 电源组件，输入电压为 AC220V，可装在 DIN 导轨上，作为晶体管输出模块的外部电源，或接近开关、光电开关等传感器的电源。

5．功能强，使用方便

FX 系列的体积虽小，却具有很强的功能。它可以捕捉脉宽大于 75μs 的窄脉冲，内置高速计算器，有输入输出刷新、中断、输入滤波时间调整、恒定扫描时间等功能，有高速计数器的专用比较指令。使用脉冲列输出功能，可直接控制步进电动机或伺服电动机。脉冲宽度调制功能可用于温度控制或照明灯的调光控制。关键字登录功能可以用来对存储器设置 3 级保护，以防止别人对用户程序的误改写或盗用，保护设计者的知识产权。用三菱公司 A 系列可编程序控制器图形编程器的编程软件，FX 系列还可以直接使用顺序功能图编程语言。

FX_{1S} 和 FX_{0N} 系列可编程序控制器使用 E^2PROM，不需要定期更换锂电池，成为几乎不需要维护的电子控制装置；FX_{2N} 系列使用带电池后备的 RAM。若采用可选的存储器扩充卡盒，FX_{2N} 的用户存储器容量可扩充到 16KB，可选用 RAM/EPROM 和 E^2PROM。

FX_{1S} 和 FX_{0N} 系列可编程序控制器内部分别带有 1 点和 2 点模拟定时器，FX2N 系列可选用有 8 点模拟设定功能的功能扩展板，可以用螺丝刀来调节设定值。

三、思考与练习

1. 什么是可编程序控制器？
2. 工业控制中，PLC 主要有哪些应用？
3. FX 系列可编程序控制器的特点有哪些？
4. 可编程序控制器的发展方向是什么？
5. FX 系列 PLC 型号命名格式中各符号代表什么？

项目二

可编程序控制器的工作原理

可编程序控制器所以能应用的如今这样广泛，其最主要的原因是硬件结构简单，软件编程容易。要真正用好可编程序控制器，还得大致了解一下可编程序控制器的软硬件结构和工作原理。

一、任务目标

- 了解 PLC 的硬件结构。
- 了解 PLC 的 5 种编程语言，重点熟悉梯形图编程语言及其设计规则。
- 了解 PLC 的工作方式、工作原理。
- 了解 PLC 的 I/O 滞后现象。

二、任务知识

（一）可编程序控制器的硬件结构

PLC 种类繁多，功能多种多样，但是其组成结构和工作原理基本相同。实质上是一种专门用于工业控制的计算机，采用了典型的计算机结构，由硬件和软件两部分组成。硬件配置主要由中央处理器（CPU）、存储器、输入/输出接口电路、电源、编程器以及一些扩展模块组成，如图 2-1 所示。

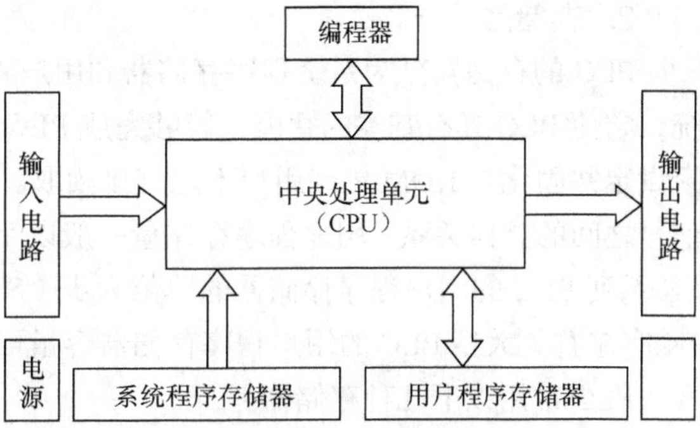

图 2-1　PLC 结构框图

1. 中央处理器

PLC 的中央处理器（CPU）与一般的计算机控制系统一样，是整个系统的核心，起着类似人体的大脑和神经中枢的作用，它按 PLC 中系统程序赋予的功能，指挥 PLC 有条不紊地进行工作。其主要任务有如下几个方面。

（1）控制从编程器、上位机和其他外部设备键入的用户程序和数据的接收与存储。

（2）用扫描的方式通过电源 I/O 部件接收现场的状态或数据，并存入指定的存储单元或数据寄存器中。

（3）诊断电源、PLC 内部电路的工作故障和编程中的语法错误等。

（4）PLC 进入运行程序后，从存储器逐条读取用户指令，经过命令解释后按指令规定的任务进行数据传送、逻辑或算数运算等。

（5）根据运算结果，更新有关标志位的状态和输出寄存器的内容，再经输出部件实现输出控制、制表、打印或数据通信等功能。

与通用微机不同的是，PLC 具有面向电气技术人员的开发语言。通常用户使用虚拟的输入继电器、输出继电器、中间辅助继电器、时间继电器、计数器等，这些虚拟的继电器也称“软继电器”或“软元件”，理论上具有无限的动合、动断触点，但只能在 PLC 上编程时使用，其具体结构对用户透明。

目前，小型 PLC 为单 CPU 系统，而中型及大型 PLC 则为双 CPU 甚至多 CPU 系统，PLC 所采用的微处理器有 3 种。

（1）通用微处理器。小型 PLC 一般使用 8 位微处理器如 8080、8085、6800 和 Z80 等，大中型 PLC 除使用位片式微处理器外，大都必须使用 16 位或 32 位微处理器。当前不少 PLC 的 CPU 已升级到 Intel 公司的微处理器产品，有的已经采用奔腾（Pentium）处理器，如德国西门子公司的 S7-400。采用通用微处理器的优点是：价格便宜，通用性强，还可借用微机成熟的实时操作系统和丰富的软、硬件资源。

（2）单片微处理器（即单片机）。它具有集成度高、体积小、价格低及可扩展等优点。如 Intel 公司的 8 位 MCS-51 系列运行速度快、可靠性高、体积小、很适合于小型 PLC。三菱公司的 FX2 系列 PLC 所使用的微处理器是 16 位 8098 单片机。

（3）位片式微处理器。它是独立的一个分支，多为双极型电路，4 位为一片，几个位片级相连可组成任意字长的微处理器，代表产品有 AMD-2900 系列美国 AB 公司的 PLC-3 型、西屋公司的 HPPC-1500 型和西门子公司的 S5-1500 型都属于大型 PLC，都采用双极型位片式微处理器 AMD-2900 高速芯片。PLC 中位片式微处理器的主要作用有两个：一是直接处理一些位指令，从而提高了位指令的处理速度，减少了位指令处理器的压力；二是将 PLC 的面向工程技术人员的语言（梯形图、控制系统流程图等）转换成机器语言。

模块式 PLC 把 CPU 作为一种模块，备有不同型号供用户选择。

2. 存储器

PLC 的存储器分为系统程序存储器和用户程序存储器。系统程序相当于个人计算机的操作系统，它使 PLC 具有基本的智能，能够完成 PLC 设计者规定的各种动作。系统程序由 PLC 生产厂家设定并固化在 ROM 内，用户不能直接读取。PLC 的用户程序由用户设定，它决定了 PLC 输入信号之间的具体关系。用户程序存储量一般以字（每个字由 16 位二进制数组成）为单位，三菱的 FX 系列 PLC 的用户程序存储器的单位为步（STEP，即字）。小型 PLC 的用户程序存储器容量在 1K 字左右，大型 PLC 的用户程序存储器容量可达数 M（兆）字。

PLC 常用以下几种存储器。

（1）随机存取存储器（RAM）。用户可以用编程器读出 RAM 中的内容，也可以将用户程序写入 RAM，因此 RAM 又叫读/写存储器。它是易失性的存储器，将它的电源断开后，存储的信息将丢失。

RAM 的工作速度快，价格低，改写方便。为了在关断 PLC 外部电源后，保存 RAM 中的用户程序和数据（如计数器的计数值），为 RAM 配备了一个后备电池。现在有的 PLC 任用 RAM 来存储程序。

锂电池可用 2～5 年，需要更换锂电池时，PLC 面板上的“电池电压过低”发光二极管亮，同时有一个内部标志变为 1 状态，可以用它的常开触点来接通控制面板上的指示灯或声光报警器，通知用户更换电池。

（2）只读存储器（ROM）。ROM 的内容只能读出，不能写入，它是非易失的，它的电源消失后，仍能保存储存的内容。ROM 一般用来存放 PLC 的系统程序。

（3）可电擦除 EPROM（EEPROM 或 E^2PROM）。它是非易失性的，但是可以用编程器对它编程。它兼有 ROM 的非易失性和 RAM 的随机性存取优点，但是写入信息所需时间比 RAM 长得多。EEPROM 用来存放用户程序。有的 PLC 将 EEPROM 作为基本配置，有的 PLC 将 EEPROM 作为可选件。

3. 输入/输出接口电路

实际生产中信号电平是多样的，外部执行机构所需要的电平也是不同的，而可编程序控制器的 CPU 所处理的信号只能是标准电平，因此，需要通过输入/输出单元实现这些信号电平的转换。可编程序控制器的输入/输出单元实际上是 PLC 与被控制对象之间传送信号的接口部件。

输入/输出单元具有良好的电隔离和滤波作用。连接到 PLC 输入端的输入器件是各种开关、操作开关，传感器等。通过接口电路将这些开关信号转换成为 CPU 能够识别和处理的信号，并送入输入映像寄存器。运行时，CPU 从输入映像寄存器中读取输入信息并进行处理，将处理结果存放到输出映像寄存器。输入/输出映像寄存器由相应的输入/输出触发器组成，输出接口将其弱电控制转换为现场所需要的强电信号输出，驱动显示灯、电磁阀、继电器、接触器等各种被控设备的执行器件。

（1）输入接口电路。为了防止各种干扰信号和高电压信号进入 PLC，输入接口电路一般由 RC 滤波器消除输入端的抖动和外部噪声干扰，由光电耦合电路进行隔离。光电耦合电路由发光二极管和光电三极管组成。

各种 PLC 输入电路的结构大都相同，其输入方式有两种类型：一种是直流输入（直流 12V 或 24V）如图 2-2（a）所示，另一种是交流输入（交流 100～120V 或 200～240V）如图 2-2（b）所示。它们都是由装在 PLC 面板上的发光二极管来显示某一输入点是否有信号输入。外部器件可以是无源触点，如按钮、行程开关等，也可以是有源器件，如传感器、接近开关、光电开关等。在 PLC 内部电源容量允许的情况下，有源器件可以采用 PLC 内部电源，否则必须外设电源。当输入信号为模拟量时，信号必须经过专用的模拟量输入模块进行 A/D 转换后才能送入 PLC 内部。输入信号通过输入端子经 RC 滤波、光电隔离进入内部电路。

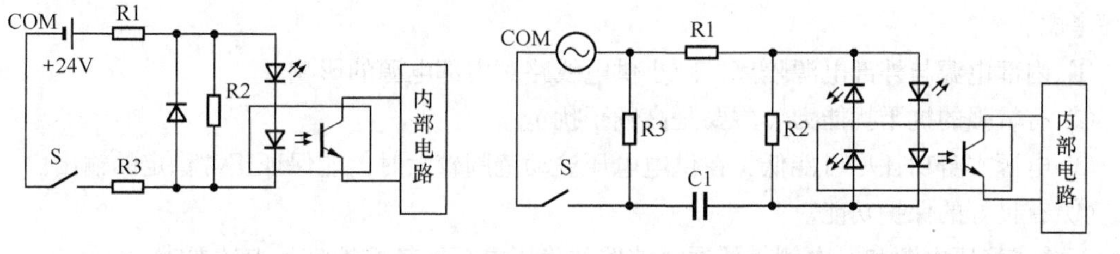

（a）直流输入电路　　（b）交流输入电路

图 2-2　输入接口电路

（2）输出接口电路。PLC 的输出有 3 种形式：继电器输出、晶体管输出、晶闸管输出。图 2-3 给出了 PLC 的 3 种输出电路图。每种输出都采用了电气隔离技术，电源由外部供给，输出电流一般为 0.5～2A，输出电流的额定值与负载性质有关。

继电器输出方式最常用，适用于交、直流负载，其特点是带负载能力强，但动作频率与响应速度慢。

晶体管输出适用于直流负载，其特点是动作频率高，响应速度快，但带负载能力小。

晶闸管输出适用于交流负载，响应速度快，带负载能力不大。

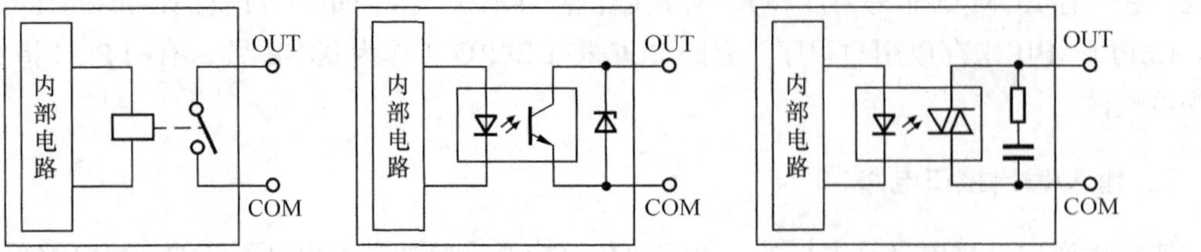

（a）继电器输出　　（b）晶体管输出　　（c）晶闸管输出

图 2-3　输出接口电路

输出接口电路规格如表 2-1 所示。

表 2-1　输出接口电路规格

项　目		继电器输出	晶体管输出	晶闸管输出
负载电源		AC250V 以下、DC30V 以下	DC 5 ~ 30V	AC 85 ~ 242V
电路绝缘		机械绝缘	光电耦合绝缘	光电耦合绝缘
负载电流		2A/1 点 8A/4 点公用	0.5A/1 点 0.8A/4 点	0.3A/1 点 0.8A/4 点
响应时间	断→通	约 10ms	0.2ms 以下	1ms 以下
	通→断	约 10ms	0.2ms 以下	10ms 以下

4. 电源

PLC 的电源分为外部电源、内部电源和后备电源 3 类。在现场控制中，干扰侵入 PLC 的主要途径之一是通过电源，因此，合理地设计电源是 PLC 可靠运行的必要条件。

（1）外部电源。外部电源用于驱动 PLC 的负载和传递现场信号，又称为用户电源。同一台 PLC 的外部电源可以是一个规格，也可以是多个规格。外部电源的容量与性能，由输出负载和输入电路决定。常见的外部电源有交流 220V、110V，直流 100V、48V、24V、12V、5V 等。

（2）内部电源。内部电源是 PLC 的工作电源，有时也作为现场输入信号的电源。它的性能好坏直接影响到 PLC 的可靠性，为了保证 PLC 可靠工作，对它提出了较高的要求，一般可从 4 个方面考虑。

① 内部电源与外部电源隔离，减小供电线路对内部电源的影响。

② 有较强的抗干扰能力（主要是高频干扰）。

③ 电源本身功耗尽可能低，在供电电压波动范围较大时，能保证正常稳定的输出。

④ 有良好的保护功能。

开关式稳压电源和一次侧带低通滤波器的稳压电源能较好地满足上述要求。

（3）后备电源。在停机或突然失电时，后备电源可保证 RAM 中的信息不丢失。一般 PLC 采用锂电池作为 RAM 的后备电池，锂电池的寿命为 2 ~ 5 年。若电池电压降低，在 PLC 的工作电源为 ON 时，面板上相关的指示灯会点亮或闪烁，应根据各 PLC 操作手册的说明，在规定时间内按要求更换电池。

5. 编程器

编程器是 PLC 最重要的外部设备。利用编程器可将用户程序输入到 PLC 存储器，可以利用编程器检查、修改、调试程序还可以用编程器监视程序的运行及 PLC 的工作状态。小型 PLC 常用简易型便携式或手持式编程器。计算机添加适当的硬件接口电缆和编程软件，也可以对 PLC 进行编程。计算机编程可以直接显示梯形图、读出程序、写入程序、监控程序运行等。

（二）可编程序控制器的软件系统

PLC 是一种工业控制计算机，不光有硬件，软件也是必不可少。PLC 的软件又分为系统软件和用户软件。

系统软件包括系统的管理程序，用户指令的解释程序，另外还包括一些供系统调用的专用标准程序块等。系统软件在 PLC 生产时由制造商装入机内，永久保存，用户不需要更改。

用户软件是用户为达到某种控制目的，采用 PLC 厂商提供的编程语言自主编制的应用程序。

用户程序的编制需要使用 PLC 生产制造厂商提供的编程语言。PLC 使用的编程语言共有 5 种，即梯形图、指令表、步进顺控图、逻辑符号图、高级编程语言。

1. 梯形图

梯形图是最直观、最简单的一种编程语言，它类似继电接触器控制电路的形式，逻辑关系明显，在继电接触器控制逻辑基础上使用简化的符号演变而来，具有形象、直观、实用等优点，电气技术人员容易接受，是目前使用较多的一种 PLC 编程语言。

继电接触器控制线路图和 PLC 梯形图如图 2-4 所示。

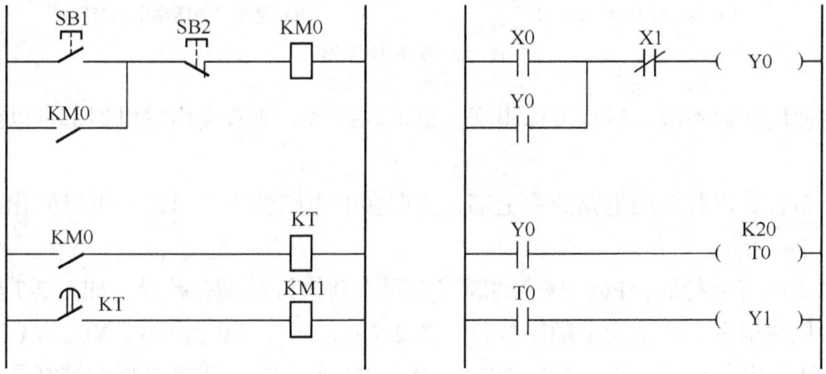

（a）控制线路　　（b）梯形图

图 2-4　继电接触器控制线路和 PLC 梯形图

由图可见，两种控制图逻辑含义是一样的，但具体表示方法有本质区别。梯形图中的继电器、定时器、计数器不是实物的继电器、定时器、计数器，这些元件实际是 PLC 存储器中的存储位，因此称为软元件，相应的位为“1”状态，表示该继电器线圈通电、常开触点闭合、常闭触点断开。

梯形图左右两端的母线是不接任何电源的。梯形图中并不流过真实的电流，而是概念电流（假想电流）。假想电流只能从左到右，从上到下流动。假想电流是执行用户程序时满足输出条件而进行的假设。

梯形图由多个梯级组成，每个梯级由一个或多个支路和输出元件构成。同一个梯形图中的编程元件，不同的厂家会有所不同，但它们表示的逻辑控制功能是一致的。

利用梯形图或基本指令编程，要符合一些编程的规则，梯形图设计的基本规则有如下几点。

（1）从左至右。梯形图的各类继电器触点要以左母线为起点，各类继电器线圈以右母线为终点（可允许省略右母线）。从左至右分行画出，每一逻辑行构成一个梯级，每行开始的触点组构成输入组合逻辑（逻辑控制条件），最右边的线圈表示输出函数（逻辑控制的结果）。

（2）从上到下。各梯级从上到下依次排列。

（3）水平放置编程元件。触点画在水平线上（主控触点除外），不能画在垂直线上。

（4）线圈右边无触点。线圈不能直接接左母线，线圈右边不能有触点否则将发生逻辑错误。

（5）双线圈输出应慎用。如果在同一个程序中，同一个元件的线圈被使用两次或多次，则称为双线圈输出。这时前面的输出无效，只有最后一次有效。双线圈输出在程序方面并不违反输入，但输出动作复杂，因此应谨慎使用。图 2-5（a）所示为双线圈输出，可以通过变换梯形图避免双线圈输出，如图 2-5（b）所示。

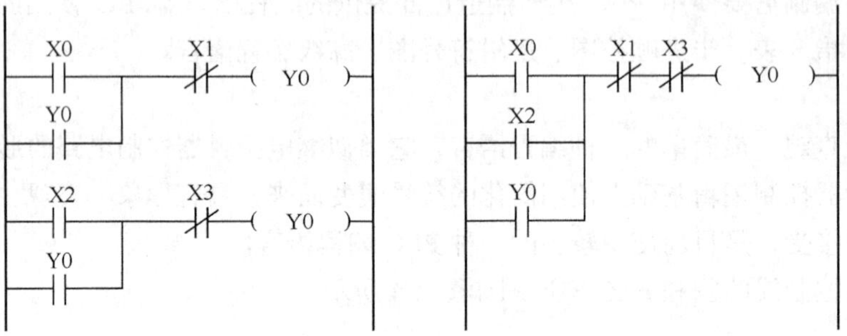

（a）双线圈输出梯形图　　（b）避免双线圈输出梯形图

图 2-5　双线圈输出

（6）触点使用次数不限。触点可以串联，也可以并联。所有输出继电器都可以作为辅助继电器使用。

（7）合理布置。串联多的电路放在上部，并联多的电路移近左母线，可以简化程序，节省存储空间。如图 2-6 所示。

（8）PLC 是串行运行的，PLC 程序的顺序不同，其执行结果有差异，如图 2-7 所示。程序从第 1 行开始，从左到右、从上到下顺序执行。图 2-7（a）中，X0 为 ON，Y0、Y1 为 ON，Y2 为 OFF；图 2-7（b）中，X0 为 ON，Y0、Y2 为 ON，Y1 为 OFF。而继电接触控制是并行的，带能源接通，各并联支路同时具有电压，同时动作。

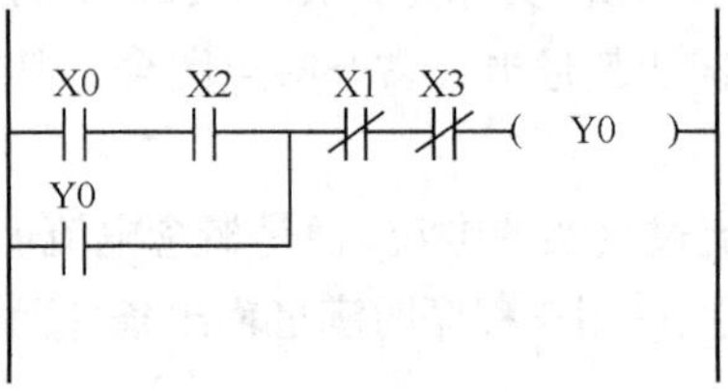

图 2-6　合理布局

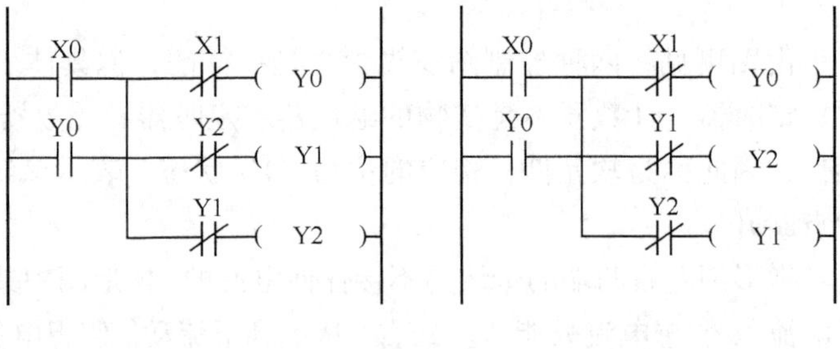

（a）　　（b）

图 2-7　串行运行差异

2. 指令语句表

指令语句表是一种与计算机汇编语言相类似的助记符编程语言，简称语句表，它用一系列操作指令组成的语句描述控制过程，并通过编程器传输到 PLC 中。不同厂家的指令语句表使用的助记符可能不同，因此一个功能相同的梯形图，书写的指令语句表可能并不相同。表 2-2 所示为用三菱 FX 系列 PLC 指令语句表完成图 2-4（b）所示控制功能而编写的程序。

表 2-2　　FX 系列 PLC 指令语句表

步　序	指令操作码（助记符）	操作数（参数）
0	LD	X0
1	OR	Y0
2	ANI	X1
3	OUT	Y0
5	LD	Y0
6	OUT	T0
7、8		K20
9	LD	T0
10	OUT	Y1

指令语句表编程语言是由若干条语句组成的程序，语句是程序的最小独立单元。每个操作功能由一条语句来表示。PLC 的语句由指令操作码和操作数两部分组成。操作码由助记符表示，用来说明操作的功能，告诉 CPU 做什么。例如，逻辑运算的与、或、非等和算术运算的加、减、乘、除等。操作数一般由标志符和参数组成。标志符表示操作数类别，如输入继电器、定时器、计数器等。参数表示操作数地址或预定值。

3. 步进顺控图

步进顺控图，简称步进图，又叫状态流程图或状态转移图，是使用状态来描述空盒子任务或过程的流程图，是一种专门用于工业顺序控制的程序设计语言。它能完整地描述控制系统的工作过程、功能和特性，是分析、设计电气控制系统控制程序的重要工具。步进顺控图如图 2-8 所示。

4. 逻辑符号图

逻辑符号图与数字电路的逻辑图极为相似，模块有输入端、输出端，使用与、或、非、异或等逻辑描述输出端和输入端的函数关系，模块间的连接方式与电路连接方式基本相同。逻辑符号图编程语言，直观易懂，容易掌握，如图 2-9 所示。三菱 FX_{2N} 没有此功能。

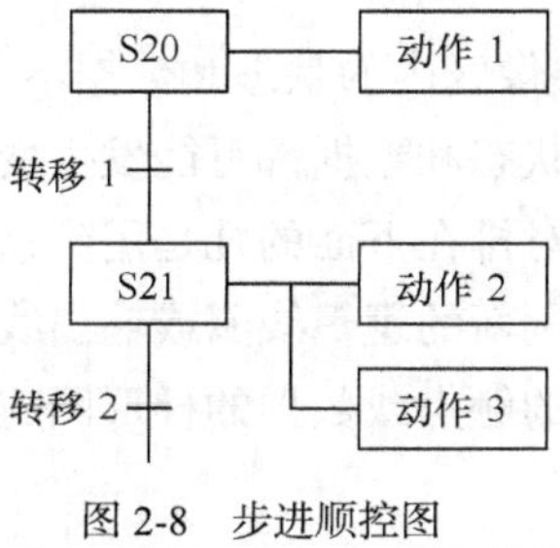

图 2-8　步进顺控图

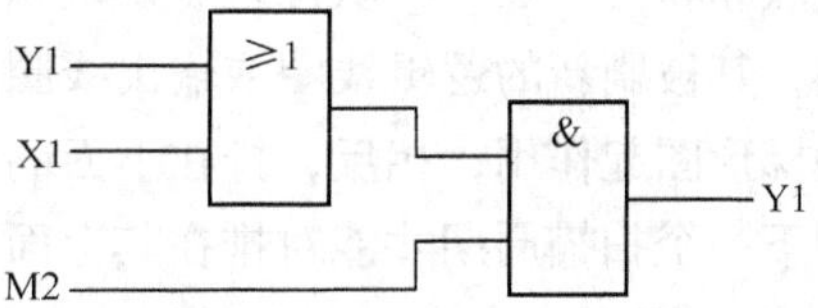

图 2-9　逻辑符号图

5. 高级编程语言

在大型 PLC 中，为了完成具有数据处理、PID 调节、定位控制、图形操作等较为复杂的控制，往往使用高级计算机编程语言，如 C 语言、BASIC 语言等，使 PLC 具有更强的功能。

（三）可编程序控制器的工作原理

PLC 是一种工业控制计算机，所以它的工作原理与计算机的工作原理基本上是一致的。PLC 的工作方式是采用周期循环扫描，集中输入与集中输出。PLC 投入运行后，都是以重复的方式执行的，执行用户程序不是只执行一遍，而是一遍一遍不停地循环执行，这里每执行一遍我们称为扫描一次，扫描一遍用户程序的时间称为扫描周期。扫描一次，PLC 内部要进行一系列操作，大致分为 5 个阶段：故障诊断、通信处理、输入采样、程序执行、输出刷新。下面对输入采样、程序执行、输出刷新 3 步操作做重点说明。图 2-10 所示为这 3 步的流程图。

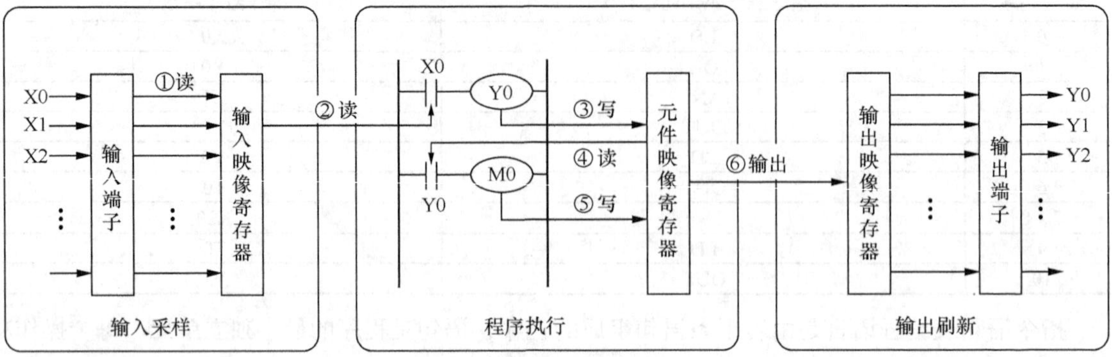

图 2-10 PLC 的扫描过程

1. 输入采样阶段

当 PLC 投入运行时，PLC 以扫描方式依次读入所有输入端子口的状态和数据，并把这些数据存入（I）映像区的相应单元内。输入采样结束后，转入用户程序执行和输出刷新阶段。在这两个阶段中，即使输入状态和数据发生变化，（I）映像区中相应单元的状态和数据也不会改变。因此，如果输入是脉冲信号，则该脉冲信号的宽度必须大于一个扫描周期，才能保证该输入信号不被丢失。

2. 程序执行阶段

PLC 在用户程序执行阶段，CPU 总是按由上而下的顺序依次扫描用户的梯形图程序。扫描每一条梯形图支路时，又是由左到右。先上后下的顺序对由触点和线圈构成的控制线路进行逻辑运算，并根据逻辑运算的结果，刷新该逻辑线圈在系统 RAM 存储器中对应位的状态；或者确定是否要执行该梯形图所规定的特殊功能指令。

要指出的是，在执行用户程序阶段，只有输入点在 I/O 映像区内的状态和数据不会发生变化，而其他输出点和软器件在 I/O 映像区或系统 ROM 存储区的状态和数据都可能发生变化。排在上面的梯形图，其被刷新的逻辑线圈或输出线圈的状态或数据对排在下面的凡是用到这些线圈的触点或数据的梯形图起作用；相反，排在下面的梯形图，其被刷新的逻辑线圈或输出线圈的状态或数据只能到下一个扫描周期才能对排在其上面用到这些线圈的触点或数据的梯形图起作用。

3. 输出刷新阶段

PLC 的 CPU 扫描用户程序结束后，PLC 就进入输出刷新阶段。在此期间，CPU 按照 I/O 映像区内对应的状态和数据刷新所有的输出锁存电路，再经输出电路驱动相应的被控负载，这才是 PLC 的真正输出。

用户程序执行扫描方式即可按上述固定顺序方式，也可以按程序指定的可变顺序进行。

循环扫描的工作方式是 PLC 的一大特点，针对工业控制采用这种工作方式使 PLC 具有一些优于其他各种控制器的特点。例如，可靠性、抗干扰能力明显提高；串行工作方式避免触点（逻辑）竞争；简化程序设计；通过扫描时间定时监视可诊断 CPU 内部故障，避免程序异常运行的不良影响等。

循环扫描工作方式的主要缺点是带来了 I/O 响应滞后性。影响 I/O 响应滞后的主要因素有：输入电路、输出电路的响应时间、PLC 中 CPU 的运算速度、程序设计结构等。

一般工业设备是允许 I/O 响应滞后的，但对某些需要 I/O 快速响应的设备则应采取相应措施，尽可能提高响应速度，如硬件设计上采用快速响应模块、高速计数模块等，在软件设计上采用不同中断处理措施，优化设计程序等。这些都是减少响应时间的重要措施。

三、思考与练习

1. PLC 由哪几部分组成？各有什么作用？
2. PLC 有几种编程语言？
3. PLC 的输出形式有几种？哪种带负载能力最大？
4. 什么是 PLC 的扫描周期？
5. PLC 的工作原理是什么？
6. 影响 I/O 响应滞后的主要因素有哪些？

项目三

FX-20P-E 手持编程器的使用

可编程序控制器最初的程序输入是采用手持编程器。使用手持编程器输入 PLC 程序，也能够更好地帮助初学者熟悉助记符（指令表）编程的方法。

一、任务目标

- 熟悉 FX-20P-E 编程器的组成及操作面板各部分的作用。
- 掌握 FX-20P-E 编程器的联机操作方法，包括程序的写入、读出、修改。
- 了解 FX-20P-E 编程器的脱机操作方法。

二、任务知识

编程器是人机对话的重要外围设备。它一方面对 PLC 进行编程，另一方面又能对 PLC 的工作状态进行监控。三菱公司 FX_{2N} 系列 PLC 的手持式编程设备有 FX-10P-E 和 FX-20P-E（简称 HPP）。HPP 编程器可以联机使用（在线）编程，也可以脱机（离线）方式编程。下面主要介绍 FX-20P-E 手持编程器。

FX-20P-E 手持编程器是 FX 系列 PLC 的一种通用编程器，适用于早期的 FX_2、FX_{2C}、FX_0、FX_{0N} 以及 FX_{2N}、FX_{2NC}、FX_{1S}、FX_{1N}、FX_{3uC} 等型号 PLC，使用转换器还可以用于早期的 F1 和 F2 系列 PLC。

1. FX-20P-E 的组成

该编程器由液晶显示器、ROM 写入器接口、存储器卡盒的接口、面板键盘等部分组成，如图 3-1 所示。

根据 PLC 主机的型号选用相应型号的连接电缆。根据不同编程方式需要还可以选用 ROM 写入器、存储卡盒等其他模块。

图 3-2 所示为 FX-20P-E 编程器的操作面板示意图。

编程器的面板有 35 个键，各键的作用说明如下。

（1）功能键 [RD/WR]：读出/写入；

[INS/DEL]：插入/删除；

[MIN/TEST]：监视/测试。

各功能键都是复用键，交替起作用，按第 1 次选择左边表示的功能，再按第 2 次时则选择右边表示的功能。

（2）执行键 [GO]：用于指令的确认、执行、画面显示和检索。

（3）清除键 [CLEAR]：按执行键之前按此键，则清除键入的数据。该键也可以用于清除显示屏上的错误信息或回复原来的画面。

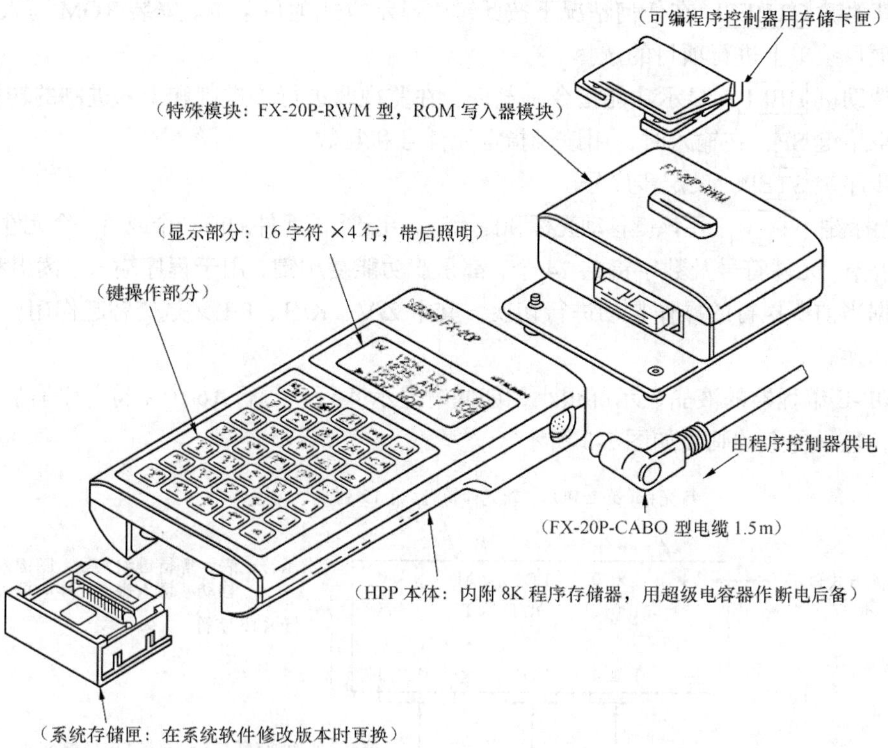

图 3-1　FX-20P-E 简易编程器的组成

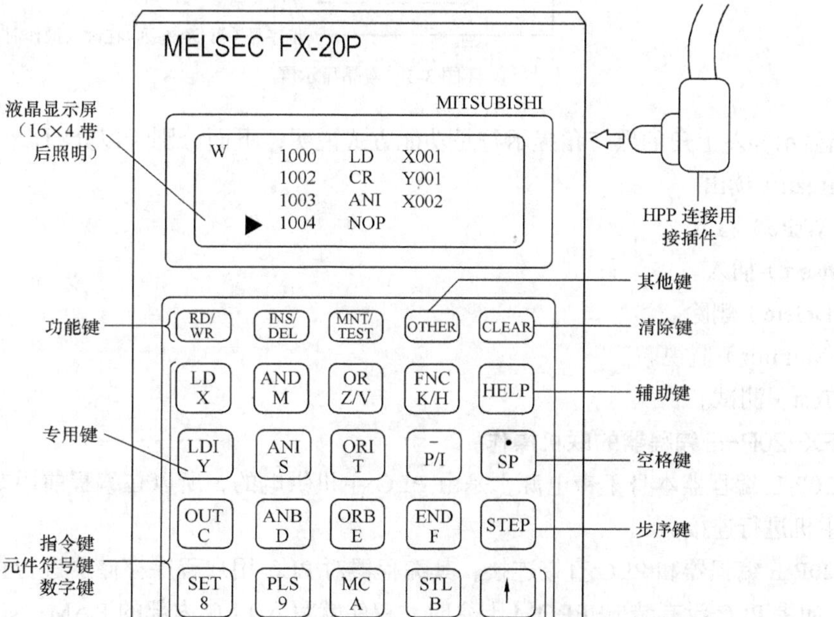

图 3-2　FX-20P-E 操作面版

（4）其他键OTHER：在任何情况下按此键将显示方式项目菜单。安装ROM写入模块时，在脱机方式项目菜单上进行项目的选择。

（5）帮助键HELP：显示功能指令一览表。在监视时进行十进制和十六进制的转换。

（6）空格键SP：在输入时，用该键指定元件号和常数。

（7）步序键STEP：设定步序号。

（8）光标键↑ ↓：用该键移动光标和提示符，指定当前元件的前一个或后一个元件，做行滚动。

（9）指令、元件符号及数字键共24个，都是双功能复用键，用于程序输入、读出和监视。上、下功能根据当前所执行的操作自动进行切换，其中Z/V、K/H、P/I又是交替起作用，反复按键时互相交替切换。

FX-20P-E编程器的液晶显示屏很小，能同时显示4行，每行16个字符并带有后照明。在编程操作时，显示屏上的画面如图3-3所示。

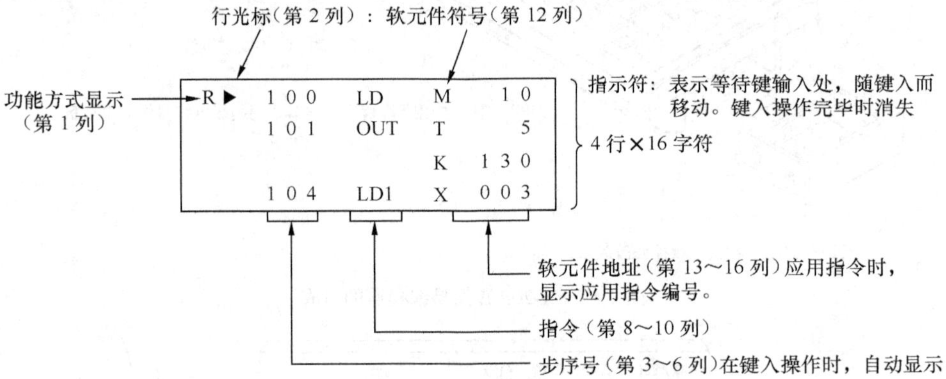

图3-3 液晶显示屏

液晶显示屏左上角的黑三角提示符是功能方式说明，下面分别予以介绍。

R（Read）读出。

W（Write）写入。

I（Insert）插入。

D（Delete）删除。

M（Monitor）监视。

T（Test）测试。

2. FX-20P-E编程器的联机操作

FX-20P-E编程器本身不带电源，是由PLC主机供电的，所以在编程前用专用电缆将编程器与PLC主机进行连接。

FX-20P-E编程器和PLC直接连接，其编程器对PLC用户程序存储器进行直接操作。在写入程序时，如果PLC没有装EEPROM卡盒时，程序就写入PLC内部的RAM；如果装有EEPROM卡盒时，则程序就写入程序卡盒。

3. 编程器的操作过程

当与PLC连接好后，接通PLC电源，在编程器显示屏上显示如图3-4所示的第1个画面，2s后转入第2个画面，根据光标的指示选择联机或脱机方式，然后再进行功能选择。

编程：编程前先清零，即将PLC内部用户程序全部清除（在指定范围内成批写入NOP指令），然后用键盘编程。

监控：监视元件动作和控制状态，对指定元件强制 ON/OFF 及修改常数。

4. 联机编程常用的操作方法

（1）程序的写入。在程序写入之前，要将 PLC 内用户存储器的原有程序全部清除。清零操作如图 3-5 所示。清零框图中每一个框表示按一次对应键。清零后即可进行程序写入操作。

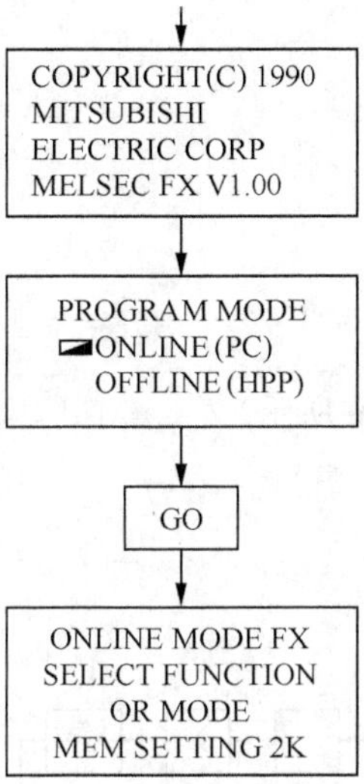

图 3-4　方式选择图

图 3-5　程序清零操作

基本指令（包括步进指令）的写入分 3 种情况，其操作方法如下。

① 写入功能 → 指令 → GO 只有指令助记符指令。

② 写入功能 → 指令 → 元件符号 → 元件号 → GO 有指令和一个操作元件的指令。

③ 写入功能 → 指令 → 元件符号 → 元件号 → SP → 元件符号 → 元件号 有指令和两个操作元件的指令。

例如，要将下列梯形图程序（见图 3-6）通过编程器写入 PLC 中，可进行如下键操作。

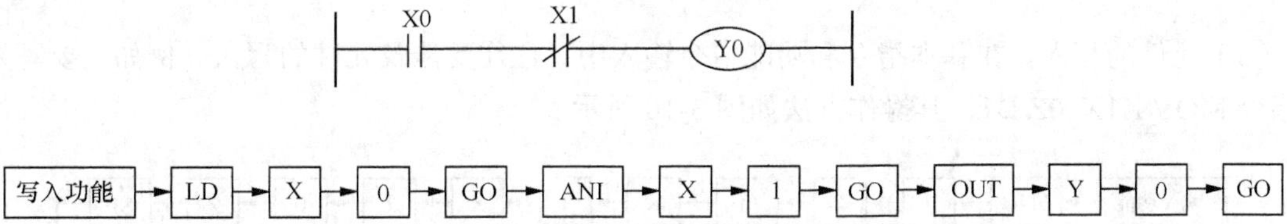

图 3-6　写入梯形图操作

这时，FX-20P-E 显示屏将显示如图 3-7 所示的画面。

（2）功能指令的写入。写入功能指令时，按 FNC 键后再输入功能指令号。有两种操作方法：一是在已知功能指令编号时，在按 FNC 键后直接键入编号；二是在不知道功能指令编号时按 FNC 键后，再按 HELP 键，在画面上显示功能指令的大分类项目，接着显示各项目内的指令符号一览表，可据此输入指令。

W	0	LD	X	000
	1	ANI	X	001
	2	OUT	Y	000
▲	3	NOP		

图 3-7　FX-20P-E 显示屏

例如，写入功能指令（D）MOV（P）D0 D2，其操作方法如图 3-8 所示。

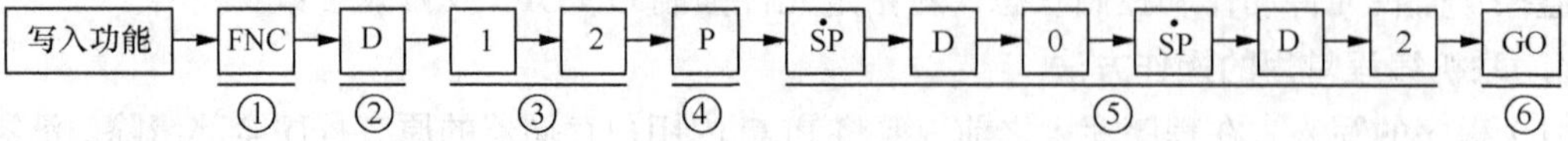

图 3-8　写入功能指令操作

① 按FNC键。

② 指定 32 位指令时，在键入指令后按D键。

③ 键入指令号。

④ 在制定脉冲指令时，键入指令号后按P键。

⑤ 在写入元件时，按 SP 键，再一次键入元件符号和元件号。

⑥ 按GO键，指令写入完毕。

例如，键入下列所示梯形图程序的键操作与显示屏显示，如图 3-9 所示。

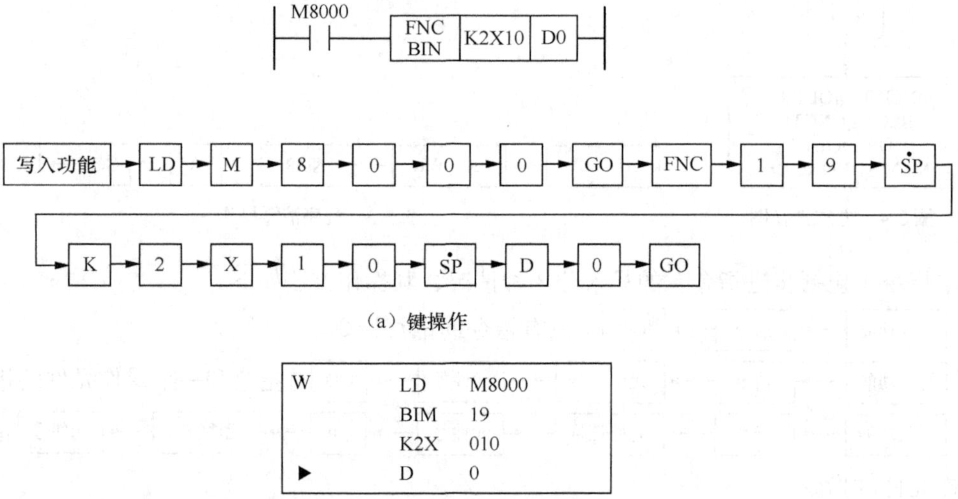

（a）键操作

（b）显示器

图 3-9　键入程序操作

（3）元件的写入。在基本指令和功能指令输入中，往往要涉及元件的写入。例如，要写入功能指令 MOV K1X10Z D1，其操作方法如图 3-10 所示。

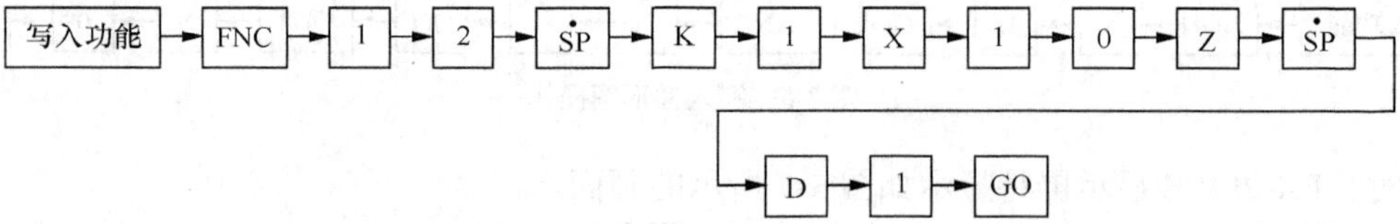

图 3-10　元件写入操作

（4）标号的输入。在程序中 P（指针）、I（中断指针）作为标号使用时，其输入方法和指令相同。即按 P 或 I 后再键入标号编号，最后按 GO 键。

（5）程序读出。把已写入到 PLC 的程序读出进行检查是十分必要的。可根据步序号、指令、元件及指针 4 种方式将程序读出。在联机方式且 PLC 处于运行状态时，只能根据步序号读出。在脱机方式中，无论 PLC 处于何种状态，4 种方式均可采用。

（6）程序修改。键入到 PLC 中的程序，有时需要改写，有时需要删除，有时还要插入一些程序。

① 程序改写。例如，输入指令 OUT C0 K10 确认前（未按 GO 键前），欲将 K10 改为 D9，其操作如图 3-11 所示。

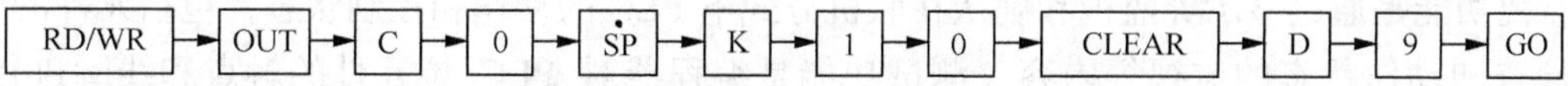

图 3-11　将 K10 改为 D9 的操作

若指令输入确认后（GO 键已按），则应按下列步骤操作，如图 3-12 所示。

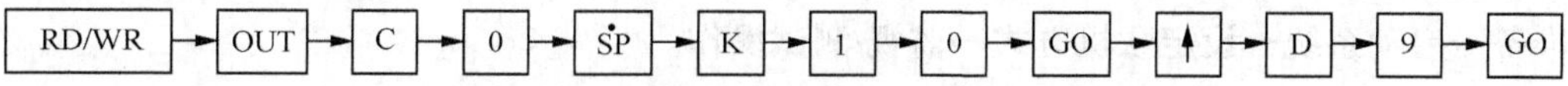

图 3-12　操作示意图

修改操作中，光标移动到欲修改的 K10 上。

指定步序指令改写是这样操作的。例如，在第 50 步上写入指令 OUT C20 K123，其操作如图 3-13 所示。

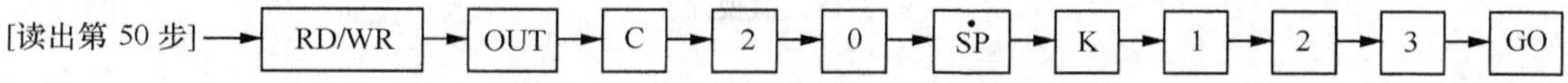

图 3-13　指定步序指令改写操作

如需要改写读出步数附近指令或只需修改指令中的某一部分，则可将光标移动到指定位置键入新内容再确认即可。

② 程序删除。删除程序分为逐条删除、指定范围删除和 NOP 式成批删除 3 种方式。

a. 逐条删除时先读出程序，用光标指定删除程序部分。例如，要删除第 100 步的 ANI 指令，其操作如图 3-14 所示。

图 3-14　逐条删除

b. 指定范围删除的基本操作如图 3-15 所示。

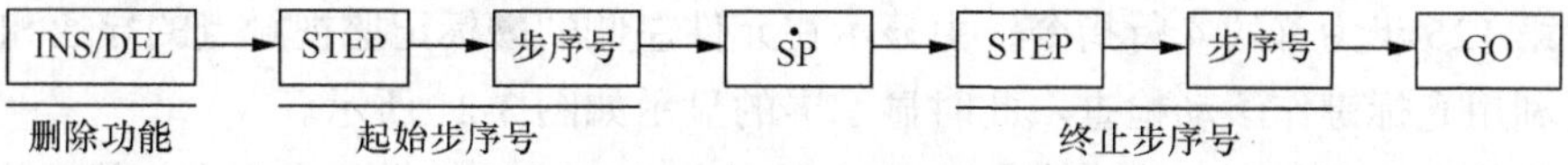

图 3-15　指定范围删除操作

c. NOP 成批删除时，键操作如图 3-16 所示。

③ 程序插入。插入程序操作是根据步序号读出程序，在指定的位置上插入指令或指针。例如，在第 100 步前插入指令 AND M5 的键操作如图 3-17 所示。

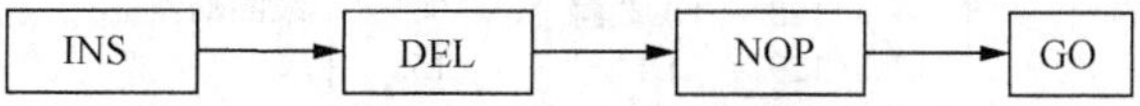

图 3-16　NOP 成批删除键操作

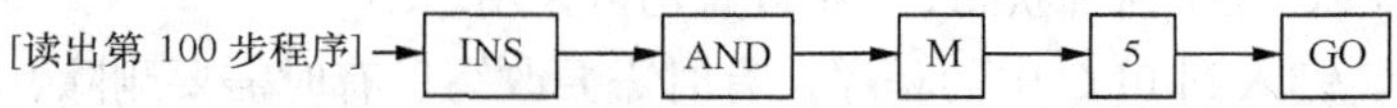

图 3-17　插入指令操作

插入指令以后的步序号自动下移。

5. 监视/测试操作

监视功能是通过显示屏监视和确认在联机方式下 PLC 的动作和控制状态，包括元件的监视、导通检查和动作状态的监视等内容。测试功能是编程器对 PLC 位元件的触点和线圈进行强制 ON/OFF 以及常数修改，包括强制 ON/OFF，修改 T、C、D、Z、V 的当前值和 T、C 的设定值，文件寄存器的写入等内容。

监视/测试的基本操作步骤是：

准备→启动系统→设定联机方式→监视/测试操作。

前 3 步与编程操作相同。各种监视、测试操作的具体步骤如下。

（1）元件监视。所谓元件监视是指监视指定元件的 ON/OFF 状态、设定值及当前值。例如，监视 T100 和 C99 的键操作如图 3-18 所示。

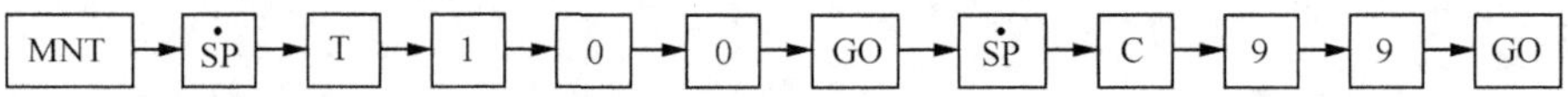

图 3-18　监视操作

此时，显示屏上的显示如图 3-19 所示。根据有无■标记，监视输出触点和复位线圈的 ON/OFF 状态。

（2）导通检查。根据步序号或指令读出程序，监视元件触点的导通及线圈动作。例如，读出第 126 步程序并作导通检查，其操作如图 3-20 所示。

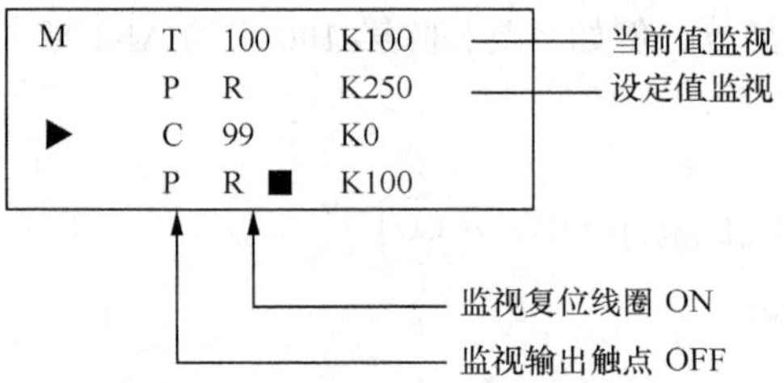

图 3-19　显示屏上将显示的内容

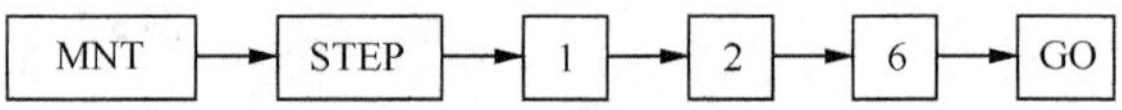

图 3-20　读出第 126 步程序并作为导通检查操作

读出以第 126 步为首的 4 行指令，由显示在元件左侧的■标记监视触点的导通和线圈的动作状态，并可利用光标键作滚动检查。此时显示屏的显示如图 3-21 所示。

（3）动作状态监视。利用步进指令监视 S 的动作状态（元件号从小到大，最多为 8 点），其操作如图 3-22 所示。

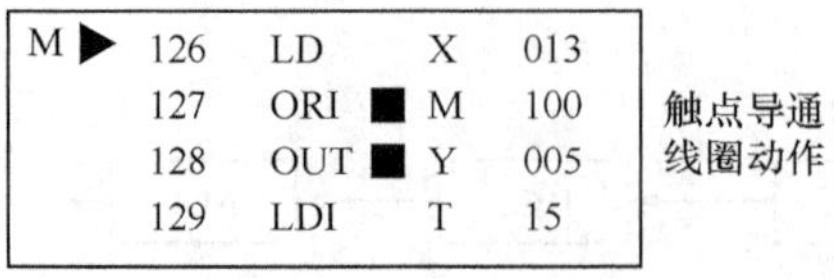

图 3-21　显示屏显示内容

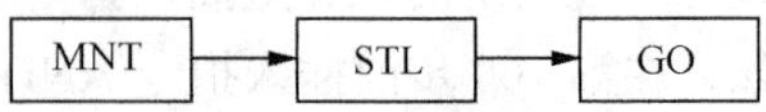

图 3-22　键操作

可监视 S 状态的范围为 S0 ~ S899。当 M8049 为 ON 时，可监视 S900 ~ S999。若 M8049 为 OFF，状态监视无效。

（4）元件强制 ON/OFF。进行元件的强制 ON/OFF 的监视。例如，对 Y100 进行 ON/OFF 强制操作的键操作如图 3-23 所示。

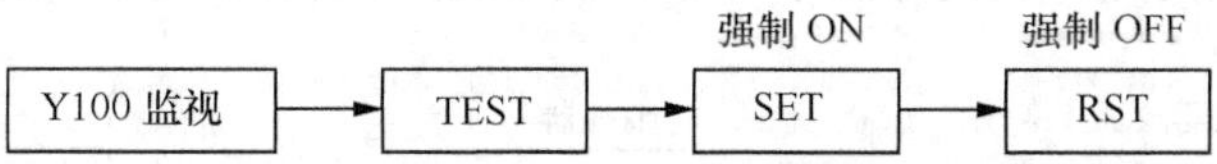

图 3-23　对 Y100 进行 ON/OFF 强制操作

利用监视功能，对 Y100 元件进行监视。然后按 TEST（测试）键。若此时被监视元件为 OFF 状态，则按 SET，强制 ON；若此时 Y100 元件为 ON 状态，则按 RST 键，强制 Y100 处于 OFF 状态。

（5）修改 T、C、D、V、Z 的当前值。先进行元件监视后，再进入测试功能，修改 T、C、D、Z、V 的当前值。将 32 位计数器的设定值寄存器（D1，D0）的当前值 K1234 修改为 K10，其操作如图 3-24 所示。

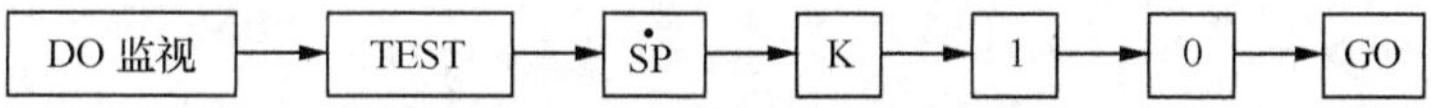

图 3-24　修改寄存器当前值

（6）修改 T、C 设定值。元件监视或导通检查后，转到测试功能，可修改 T、C 的设定值，其操作如图 3-25 所示。

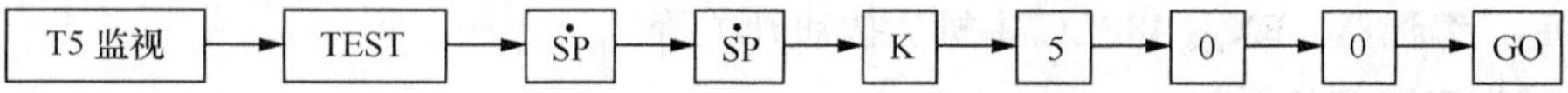

图 3-25　对 T5 的设定值进行修改操作

利用监视功能对 T5 进行监视。按 TEST 键后再按一下 SP 则提示符出现在当前值的显示位置上。再按一下 SP 键，提示符移到设定值的显示位置上。键入新的设定值 K500 后，按 GO 键设定值修改完毕。

以上是 FX-20P-E 简易编程器监视/测试的几种常用操作方法。其他操作如方式切换、程序出错检查、储蓄卡盒传送、参数设定（缺省值、存储器容量、锁存范围、文件寄存器设定、关键字等级等）、蜂鸣器音量调节等不再进一步介绍，使用时可查相关手册。

6. FX-20P-E 编程器的脱机操作

在联机方式中，所编程序是存放在 PLC 内部的 RAM 区中，同时也完整地保存在编程器内部的 RAM 区中。脱机方式是指对编程器内部存储器的存取方式，在此方式下所编程序仅存放在编程器内部 RAM 区中，由其内部超级电容器进行充电保持（充电 1h 可保持 3 天以上）。在需要时，可用编程器方式菜单的传送功能，通过适当的键操作，成批将编好的程序和参数传送到 PLC 内部的 RAM 区或装在 PLC 的存储器卡盒，也可以传送至 ROM 写入器。脱机操作方式可以方便地将实验室里生成并经模拟调试的程序，传送给安装在生产现场的 PLC。脱机编程方式与 PLC 状态无关，但程序和参数的传送与 PLC 状态有关。图 3-26 所示为程序和参数的传送过程。

图 3-26 中，①表示脱机编程过程，在其编程器内部 RAM 上进行，与 PLC 侧存储器及 PLC 状态无关；②表示与 PLC 之间的成批传送；③表示与 ROM 写入器之间的成批传送。

脱机方式下的编程操作与联机方式下的操作相同。其他操作步骤也和联机方式类似，即准备→启动系统→设定脱机方式→方式菜单选择→具体操作。其中准备、启动系统的过程与联机方式相同。这里要特别指出的是，脱机方式下工作，最终还要在联机方式下完成。

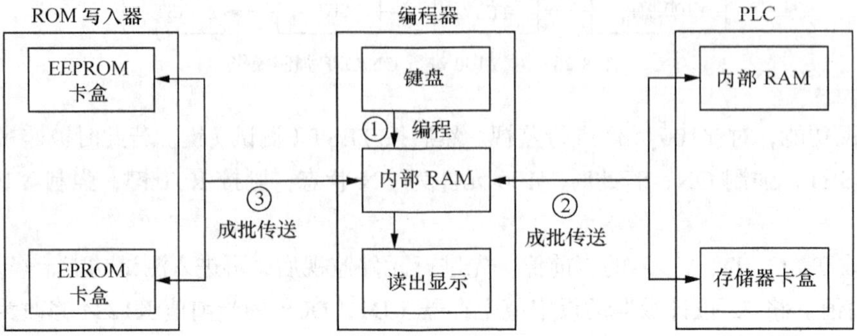

图 3-26　程序传送

三、实训

（一）实训目的

1. 认识 FX-20P-E 编程器
2. 掌握 FX-20P-E 编程器的使用

（二）实训设备、器材

FX-20P-E 编程器、FX_{2N}-48PLC 主机、按钮开关等。

（三）实训内容与步骤

1. 接线

按图 3-26（a）所示接线，电源端 L 和 N 接交流 220V 电源。

2. 程序准备

（1）将编程器与主机连接。

（2）拨动主机上的 RUN/STOP 开关，使主机处于“STOP”状态。

（3）接通主机电源。

3. 编程操作

（1）程序清零。程序清零后，显示屏上显示全为“NOP”指令，表明内部用户存储器的程序已经被清除。

（2）程序写入。每输入一条指令，必须按确认键输入才有效。显示屏显示步序号、指令和元件号等。

（3）程序读出。将写入的程序按步序号、软元件、指令等几种方法读出。

（4）程序修改。用插入、删除、写入等方法修改程序。

4. 用 FX-20P-E 编程器输入程序，并监控程序运行

（1）输入如图 3-27（b）、（c）所示的程序。

（2）接通主机的 RUN 开关，主机面板上 RUN 指示灯亮，表明程序已经运行。如果程序出现错误，主机面板上的“PROG-E”指示灯闪烁。此时应中止运行，并检查和修改错误。

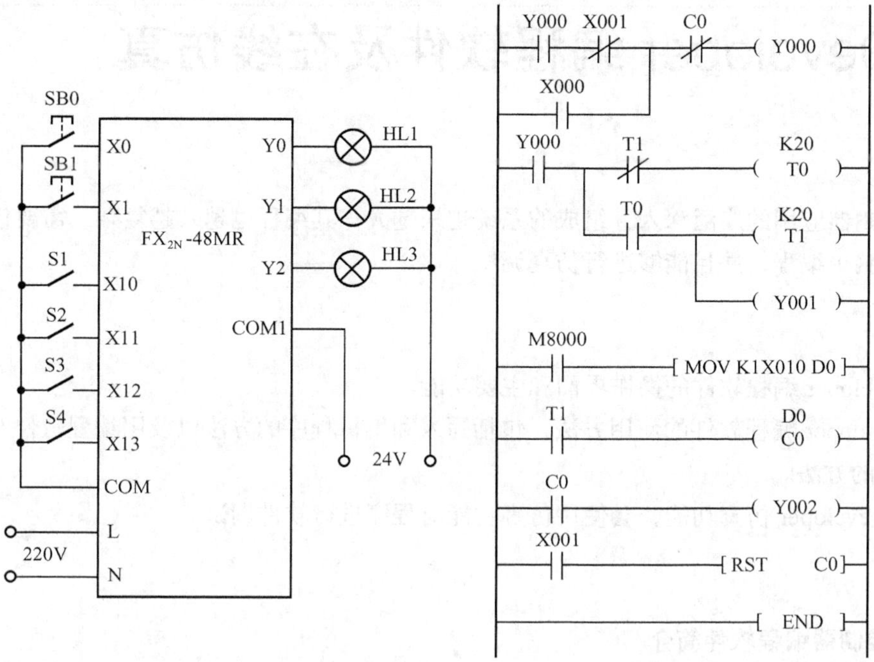

0	LD	Y000	
1	ANI	X001	
2	OR	X000	
3	ANI	C0	
4	OUT	Y000	
5	LD	Y000	
6	MPS		
7	ANI	T1	
8	OUT	T0	K20
11	MPP		
12	AND	T0	
13	OUT	T1	K20
16	OUT	Y001	
17	LD	M8000	
18	FNC 12		
		K1X10	
		D0	
23	LD	T1	
24	OUT	C0	D0
27	LD	C0	
28	OUT	C0	D0
29	LD	X001	
30	RST	C0	
32	END		

（a）PLC 外部接线图　（b）梯形图　（c）指令表

图 3-27　程序

（3）在不同输入状态下观察和记录运行中的输入、输出点指示灯状态的变化。

（4）进行元件监控、导通检查和强制 ON/OFF 操作。

（5）修改 T、C、D 的当前值和设定值。

项目四

GX Developer 编程软件及在线仿真

随着可编程序控制器应用的广泛深入，组成的系统越来越大，其编程也越来越复杂。需要借助计算机（笔记本电脑）编程，并且能够进行仿真调试。

一、任务目标

- 了解 GX Developer 编程软件的操作界面和主要功能。
- 熟悉 GX Developer 编程软件的使用方法，包括写入和编辑程序的方法以及用编程软件对 PLC 的运行进行监视的方法。
- 能掌握 GX Developer 仿真功能，会使用仿真功能对程序进行软件调试。

二、任务知识

（一）可编程序控制器编程软件简介

GX Developer 是三菱通用性较强的编程软件，它能够完成 Q 系列、QnA 系列、A 系列、FX 系列 PLC 梯形图、指令表、SFC 等的编辑。该编程软件能够将编辑的程序转换成 GPPQ、GPPA 格式的文档，当选择 FX 系列时，还能将程序存储为 FXGP（DOS）、FXGP（WIN）格式的文档，以实现与 FX-GP/WIN-C 软件的文件互相转换。该编程软件能够将 Excel、Word 等软件编程的说明性文字、数据，通过复制、粘贴等简单操作导入程序中，使软件的使用、程序的编辑更加便捷。其特点如下。

这里主要就 GX Developer 编程软件和 FX 专用编程软件的操作使用不同进行简单说明。

1. 软件适用范围不同

FX-GP/WIN-C 编程软件为 FX 系列专用编程软件，而 GX Developer 编程软件适用于 Q 系列、QnA 系列、A 系列、FX 系列所有类型的可编程序控制器。这里要注意的是使用 FX-GP/WIN-C 编程软件编辑的程序是能够在 GX Developer 中打开，但是使用 GX Developer 编程软件编辑的程序并不能都在 FX-GP/WIN-C 编程软件中打开。

2. 操作运行不同

（1）步进梯形图命令的表示方法不同。

（2）GX Developer 编程软件中新增了监视功能，包括回路监视、软元件同时监视，软元件登录监视功能。

（3）GX Developer 编程软件中新增了诊断功能，如可编程序控制器 CPU 诊断、网络诊断等。

（4）FX-GP/WIN-C 编程软件在顺控程序中没有 END 指令，程序照样可以运行，但是 GX Developer 在程序中强制插入 END 命令，否则不能运行。

3. 系统配置

运行 GX Developer 软件的计算机的最低配置如下。

CPU：80486 及以上。

内存：8MB 或更高（推荐 16MB 以上）。

分辨率：800×600 像素，16 色或更高分辨率。

操作系统：Windows9x/Windows2000 或更高版本的操作系统。

采用 FX-232AWC 型 RS-232C/RS-422 转换器（便携式）或 FX-232AW 型 RS-232C/RS-422 转换器（内置式），以及其他指定的转换器。

采用 FX-422CAB 型 RS-422 缆线或 FX-422CAB 缆线，以及其他指定的缆线。

（二）GX Developer 编程软件应用

1．操作界面

图 4-1 所示为 GX Developer 编程软件的操作界面，该操作界面由下拉菜单、工具条、编程区、工程数据列表、状态条等部分组成。这里需要特别注意的是 FX-GP/WIN-C 编程软件里称编辑的程序为文件，而在 GX Developer 编程软件中称为工程。

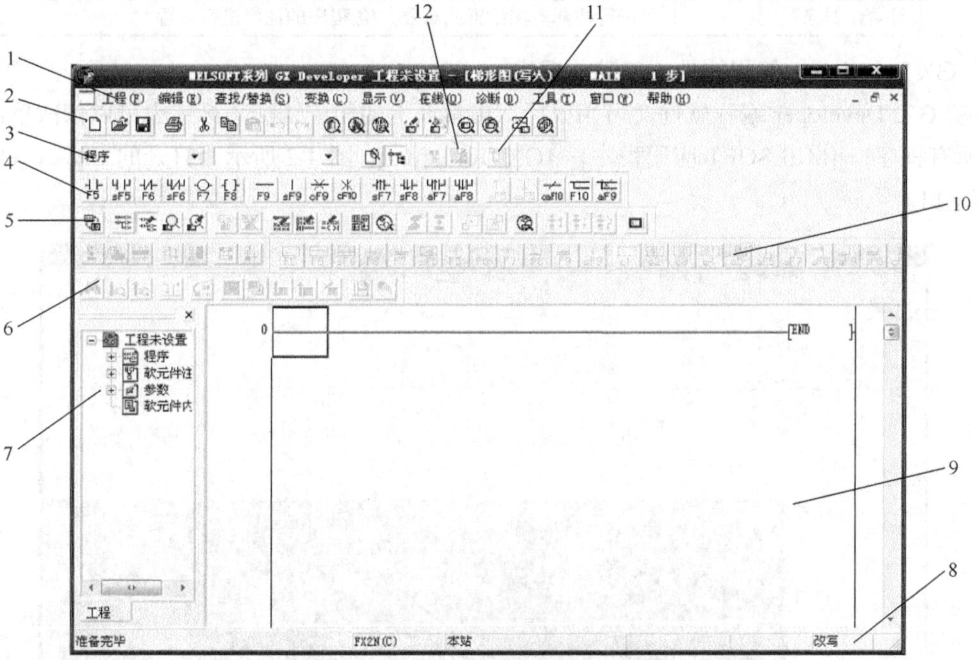

图 4-1　GX Developer 编程软件操作界面

与 FX-GP/WIN-C 编程软件的操作界面相比，该软件取消了功能图、功能键，并将这部分内容合并，作为梯形图标记工具条；新增加了工程参数列表、数据切换工具条、注释工具条等。这种直观的操作界面使操作更加简便。

图 4-1 中引线所指的名称、内容说明如表 4-1 所示。

表 4-1　图 4-1 中引线名称及内容说明

序　号	名　称	内　容
1	下拉菜单	包含工程、编辑、查找/替换、交换、显示、在线、诊断、工具、窗口、帮助，共 10 个菜单
2	标准工具条	由工程菜单、编辑菜单、查找/替换菜单、在线菜单、工具菜单常用的功能组成。如：工程建立、保存、打印；程序的剪切、复制、粘贴；元件或指令的查找、替换；程序的读入、写出；编程元件的监视、测试等

续表

序　　号	名　　称	内　　容
3	数据切换工具条	可在程序、参数、注释、编程元件内存这 4 项中切换
4	梯形图标记工具条	包含梯形图编辑所需要使用的常开触点、常闭触点、应用指令等
5	程序工具条	可进行梯形图模式、指令表模式的转换；进行读出模式、写入模式，监视模式，监视写入模式的转换
6	SFC 工具条	可对 SFC 程序进行块变换、块信息设置、排序、块监视操作
7	工程参数列表	显示程序、编程元件注释、参数、编程元件内存等内容，可实现这些项目的数据的设定
8	状态栏	提示当前的操作，显示 PLC 类型以及当前操作状态等
9	操作编辑区	完成程序的编辑、修改、监控等的区域
10	SFC 符号工具条	包含 SFC 程序编辑所需要使用的步、块启动步、结束步、选择合并、平行合并等功能
11	编程元件内存工具条	进行编程元件的内存设置
12	注释工具条	可进行注释范围设置或对公共/各程序的注释进行设置

2. GX Developer 编程软件的启动与退出

启动 GX Developer 编程软件，可用鼠标双击桌面上的相应快捷图标，也可以依次单击：[开始]→[所有程序]→[MELSOFT 应用程序]→[GX Developer]。图 4-2 所示为打开的 GX Developer 编程界面窗口。

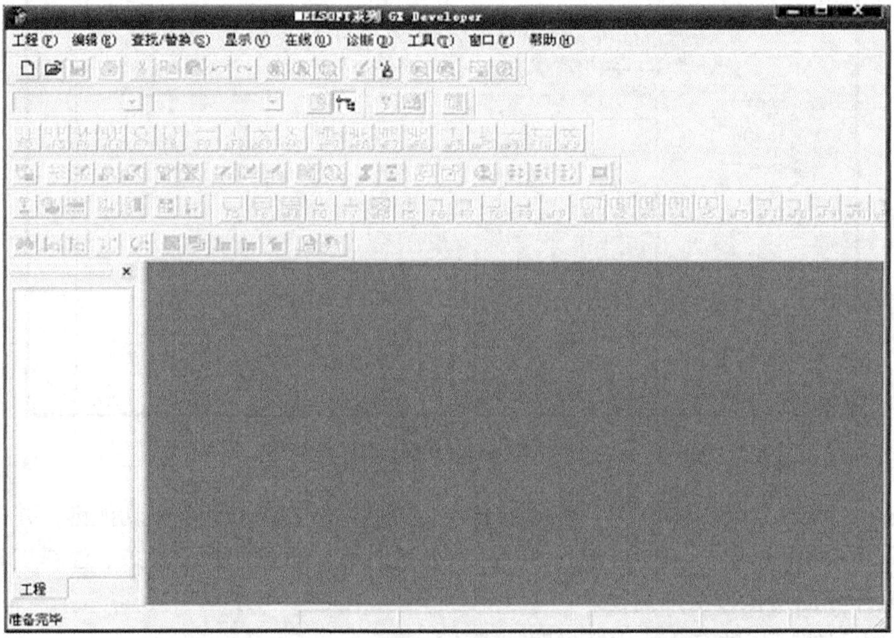

图 4-2　GX Developer 编程界面

单击[工程]菜单下的[GX Developer 关闭]命令，即可退出 GX Developer 系统，如图 4-3 所示。

3. 文件管理

（1）创建新工程。创建一个新工程的操作方法是：在菜单栏中单击[工程]→[新建工程]命令，或者按[Ctrl+N]组合键操作，或者单击常用工具栏中的新建文件快捷图标，弹出建立新工程对话框，如图 4-4 所示。在弹出的“创建新工程”对话框 PLC 系列、PLC 类型设置栏中，选择工程用的 PLC 系列、PLC 类型，如 PLC 系列选择 FXCPU，PLC 类型选择 FX2N（C）。然后单击“确定”按钮，或者按回车键即可。单击“取消”按钮则不建新工程。

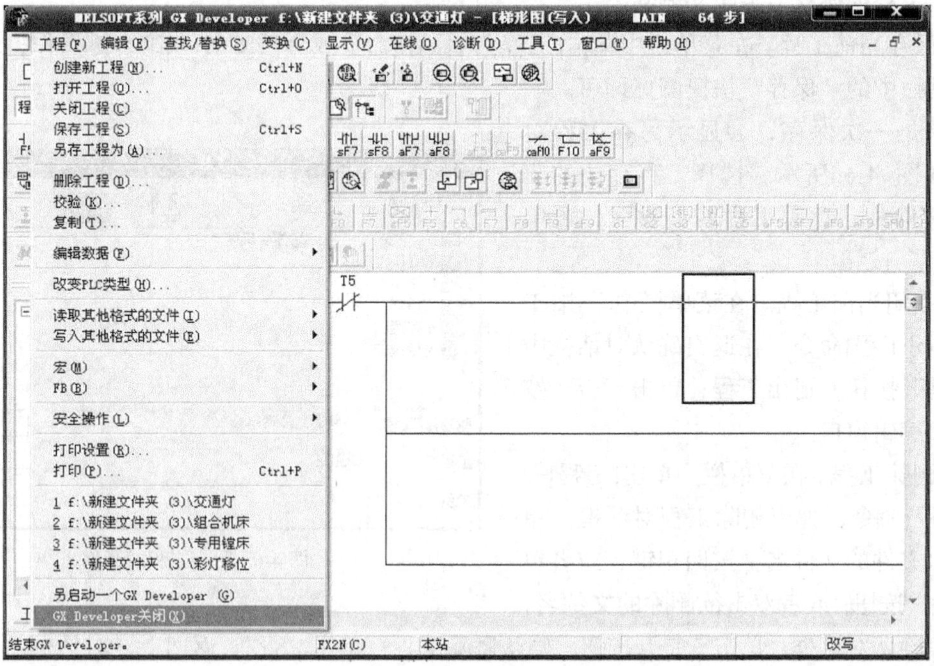

图 4-3　退出 GX Developer

创建新工程对话框下部的“设置工程名”区域用于设置工程名称。

设置工程名称的操作方法是：选中“设置工程名”复选框，然后在规定的位置，设置驱动器/路径（用于存放工程文件的字文件夹）、工程名、索引。

（2）打开工程。打开工程的操作方法是：在菜单栏中单击[工程]→[打开工程]命令或者按[Ctrl+O]组合键操作，或者单击常用工具栏中的“打开”快捷图标，弹出打开工程对话框，如图 4-5 所示。

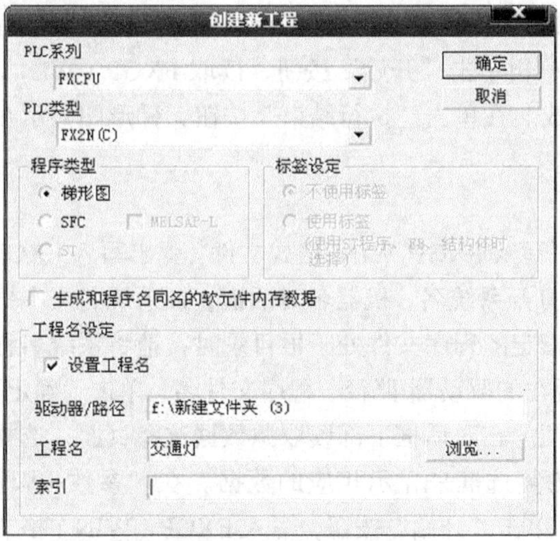

图 4-4　创建新工程对话框

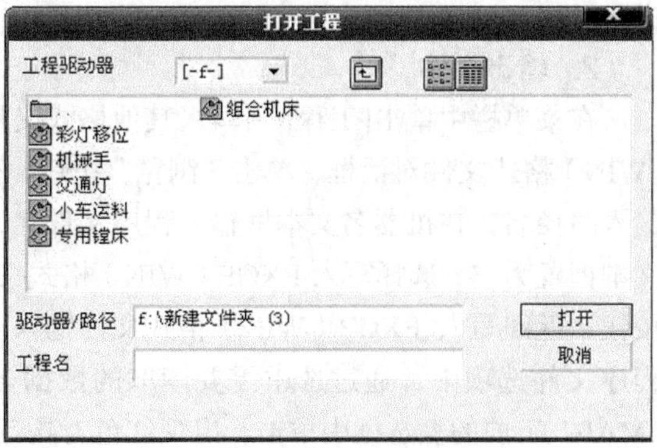

图 4-5　打开工程对话框

在“打开工程”对话框中，选择工程项目所在的驱动器、工程存放的文件夹、工程名称，选中工程名称后，单击“打开”按钮即可。

（3）工程的保存、关闭和删除。

① 保存当前工程。在菜单栏中单击[工程]→[保存]命令或者按[Ctrl+S]组合键操作，或者单击常用工具栏中的“保存”快捷图标即可。

如果是一次保存，会显示另存工程对话框，如图 4-6 所示。选择工程存放的驱动器、文件夹、填写工程名、索引，再单击“保存”按钮。

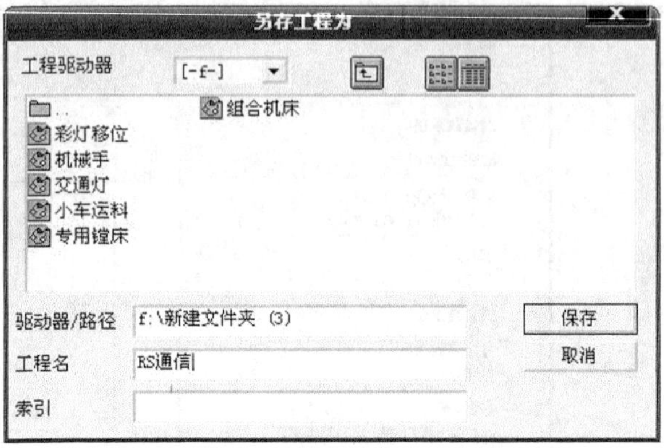

图 4-6　另存工程对话框

② 关闭当前工程。在菜单栏中单击[工程]→[关闭工程]命令，在退出确认对话框中单击“是”按钮，退出工程；单击“否”按钮，返回编辑窗口。

③ 删除工程。在菜单栏中单击[工程]→[删除工程]命令，弹出删除工程对话框。单击欲删除文件的文件名，按回车键，或者单击“删除”按钮；或者双击欲删除的文件名，弹出删除确认对话框。单击“是”按钮，确认删除工程。单击“否”，返回上一对话框。单击“取消”按钮，不继续删除操作。

（三）输入/输出其他格式的文件

1. 输入文件

在菜单栏中单击[工程]→[读取其他格式文件]→[读取 FXGP（WIN）格式文件]，弹出读取 FXGP（WIN）格式文件对话框，如图 4-7 所示，单击“浏览”按钮，弹出打开系统名、机器名对话框，在系统名文本框输入路径名，在机器名文本框输入程序文件名，当指定的程序文件处于根目录时，请将系统名称文本框置为空，选择 FXGP（WIN）格式文件所在的驱动器/路径、程序文件名，单击“确定”按钮，返回读取 FXGP（WIN）格式文件输入对话框。在对话框下部读取源数据选择页面，选择程序文件选项中，通过选中需要读取的数据名前的复选框来显示相应的数据。在“程序（MAIN）”前的复选框中单击，出现红色对钩后，再单击“开始”按钮，读取 FXGP（WIN）格式文件，读取完毕，单击“确定”按钮，确认完成。在单击“执行结束”按钮，梯形图显示在主窗口中。

2. 输出文件

在菜单栏中单击[工程]→[写入其他格式文件]→[写入 FXGP（WIN）格式文件]，弹出写入 FXGP（WIN）格式文件对话框，单击“浏览”按钮，弹出打开系统名、机器名对话框，在系统名文本框输入路径名，在机器名文本框输入程序文件名，当指定的程序文件处于根目录时，请将系统名称文本框置为空，选择写入 FXGP（WIN）格式文件所在的驱动器/路径、程序文件名，单击“确定”按钮，返回写入 FXGP（WIN）格式文件输入对话框。在对话框下部读取源数据选择页面，选择程序文件选项中，通过选中需要读取的数据名前的复选框来显示相应的数据。在“参数+程序（MAIN）”前的复选框中单击，出现红色对钩后，再单击“开始”按钮，写入 FXGP（WIN）格式文件，写入完毕，单击“确定”按钮，确认完成。

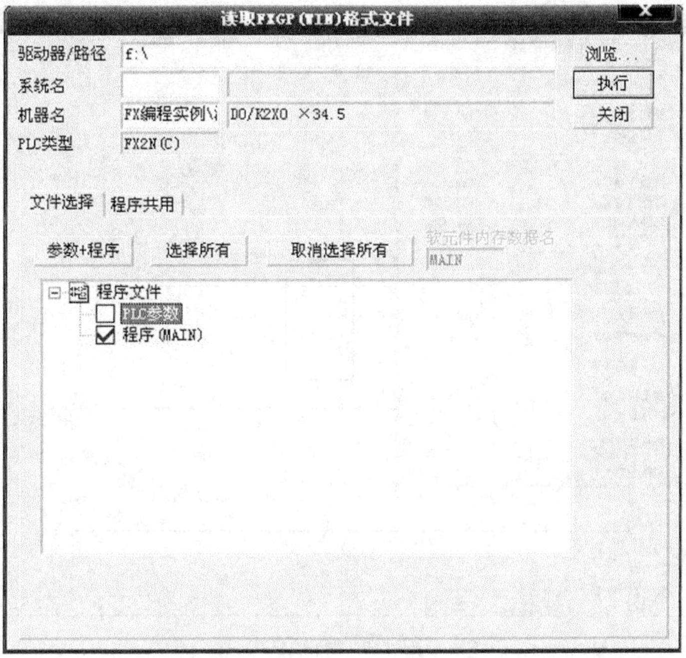

图 4-7　读取 FXGP（WIN）格式文件

（四）梯形图编程

1. 触点、线圈输入

触点、线圈符号、特殊功能线圈、连接导线的输入和程序的清除，通过单击工具栏的触点、线圈等命令按钮，在输入标记对话框输入元件符号、地址号，再单击“确认”按钮来实现，如图 4-8 所示。

图 4-8　梯形图输入对话框

2. 编辑操作

梯形图单元块的剪切、复制、粘贴、行插入、行删除等操作，通过执行[编辑]菜单栏的相应命令实现，如图 4-9 所示。

3. 梯形图的变换

将创建的梯形图变换后才能传输到 PLC 中，其操作方法是：在菜单栏中单击[变换]→[变换]命令或按[F4]键。

在梯形图中输入的指令或程序只有经过变换并置入指令表后才有效。在变换过程中显示梯形图变换信息，如果在未完成变换的情况下关闭梯形图窗口，程序提示“含有未变换梯形图，放弃未变换梯形图吗？”单击“是”按钮，新创建的梯形图被删除，单击“否”按钮，回到梯形图编辑窗口。

4. 查找

在菜单栏中单击[查找/替换]，再选择要查找的软元件、指令、步号、字符串、触点线圈，从相应的对话框中，选择对象和查找方向，进行相关元件接点、线圈和指令的查找，元件类型和编号的改变。元件的替换，可以通过执行[查找]菜单栏实现。

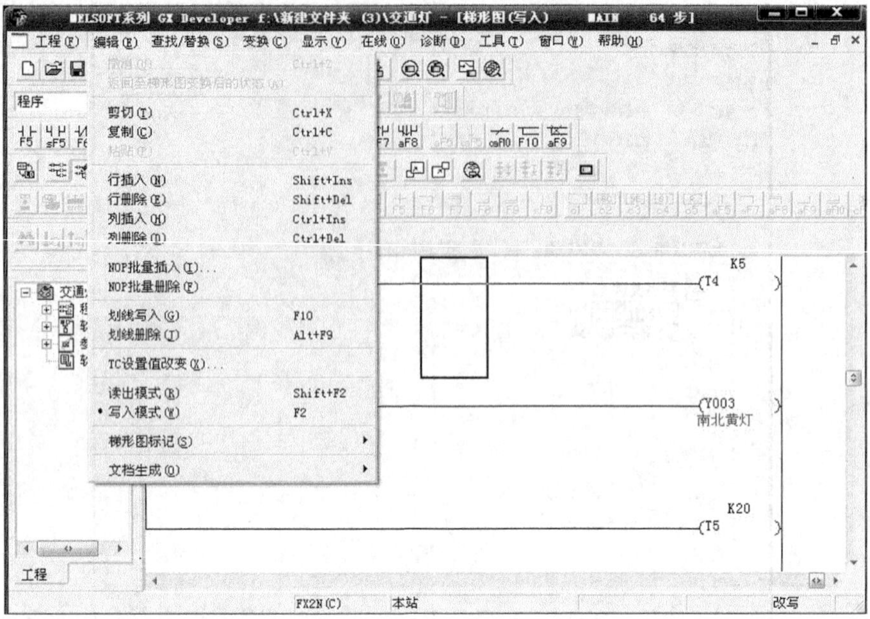

图 4-9　编辑菜单

5. 指令表编辑

在菜单栏中单击[显示]→[列表显示]可实现指令表状态下的编辑；通过单击[显示]→[列表显示]或[梯形图显示]，可实现指令列表程序与梯形图程序之间的转换。

6. 程序检查

在菜单栏中单击[工具]→[程序检查]选项，在弹出的检查程序对话框中选择相应的检查内容，如图 4-10 所示，然后单击“执行”按钮，实现对程序的检查。

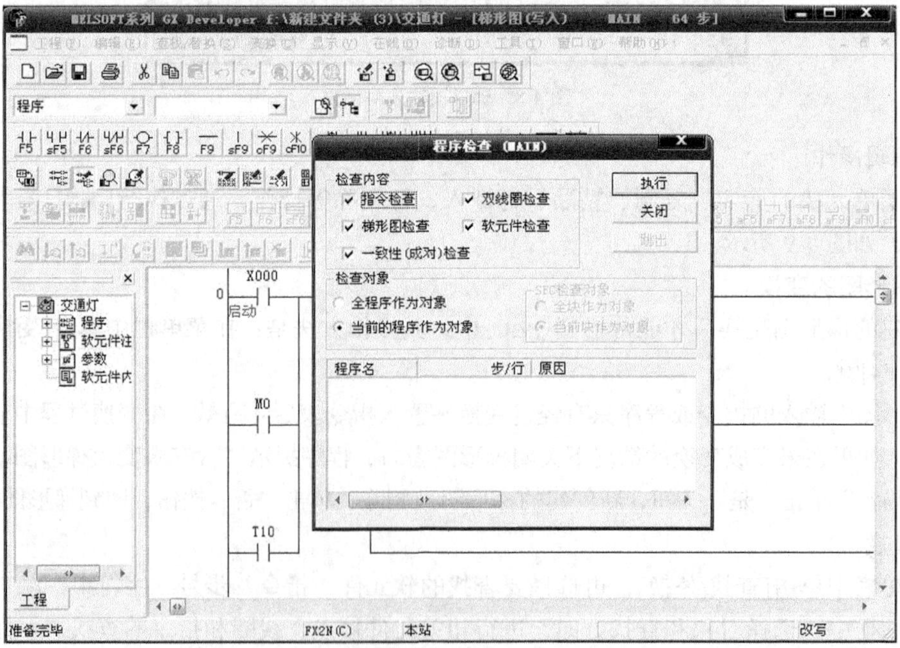

图 4-10　程序检查对话框

（五）程序传送

1. 传送功能

PLC 读取：将 PLC 中的程序传送到计算机中。

PLC 写入：将计算机中的程序传送到 PLC 中。

PLC 校验：将在计算机与 PLC 中的程序进行比较校验。

2. 操作方法

在菜单栏中单击[在线]→[PLC 读取]、[PLC 写入]、[PLC 校验]菜单命令完成相应的操作。

当选择[PLC 写入]时，在“PLC 写入”对话框的文件选择标签内，选择主程序（MAIN），然后单击程序标签，单击“执行”即可将程序写入 PLC 。

3. 传送程序应注意的问题

（1）计算机的 RS232C 端口及 PLC 之间必须用指定的电缆及转换器连接。

（2）执行完[PLC 读取]后，计算机的程序将丢失，原有的程序将被读入的程序所替代，PLC 模式改变成被设定的模式。

（3）在执行[PLC 写入]时，PLC 应停止运行，程序必须在 RAM 或 EEPROM 内存保护关断的情况下写出，然后进行校验。

（六）程序监控

1. 梯形图监控

依次单击[在线]→[监视]→[监视开始（全画面）]，弹出梯形图监视窗口，如图 4-11 所示。

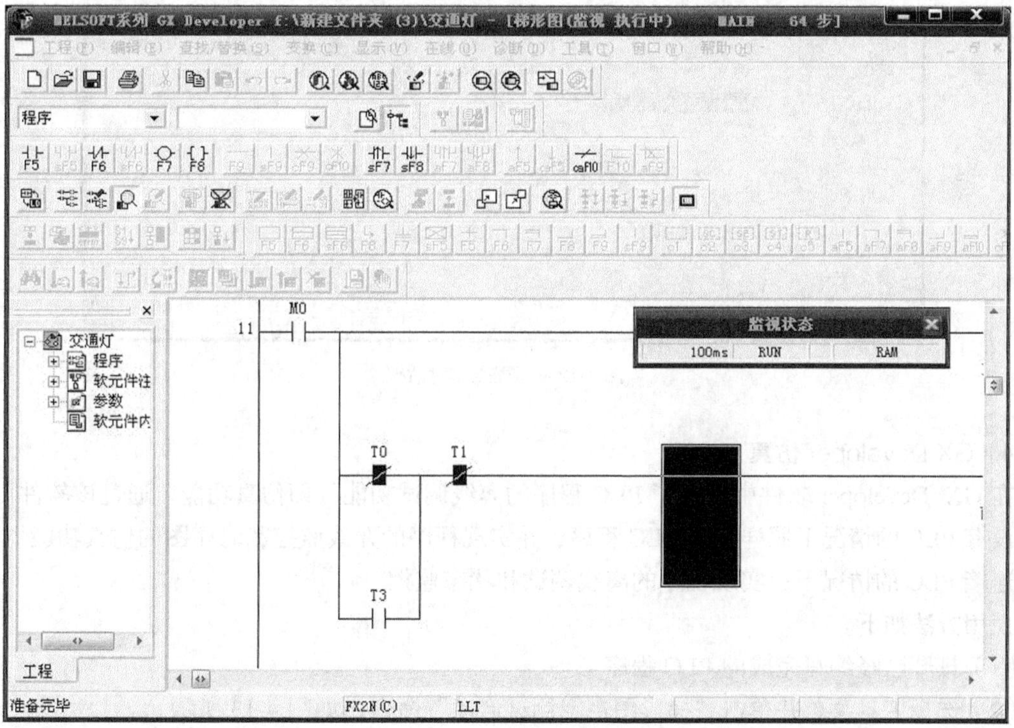

图 4-11　梯形图监视模式

开始进行程序监控后，窗口中触点为蓝色表示触点闭合；线圈括号为蓝色，表示线圈得电；

定时器、计数器设定值显示在其上部，当前值显示在下部。

停止监控，依次单击[在线]→[监视]→[监视停止（全画面）]即可。

2. 元件测控

（1）强制元件 ON/OFF。依次单击[在线]→[调试]→[软元件测试]，弹出软元件测试对话框。在位软元件的软元件输入框中输入元件的符号或地址号，然后单击强制 ON 或强制 OFF 命令按钮，分别强制该元件为 ON 或 OFF。

（2）当前值监视切换。依次单击[在线]→[监视]→[当前值监视切换（10 进制）]菜单命令，字元件当前值以十进制显示数值。

单击[在线]→[监视]→[当前值监视切换（16 进制）]菜单命令，字元件当前值以十六进制显示数值。

3. 远程操作

在菜单栏中单击[在线]→[远程操作]命令，弹出远程操作对话框，如图 4-12 所示，再单击操作选项的下拉文本框，选择“RUN”或“STOP”选项，再单击“执行”命令按钮，根据提示进行相关操作就可以控制 PLC 的运行和停止。

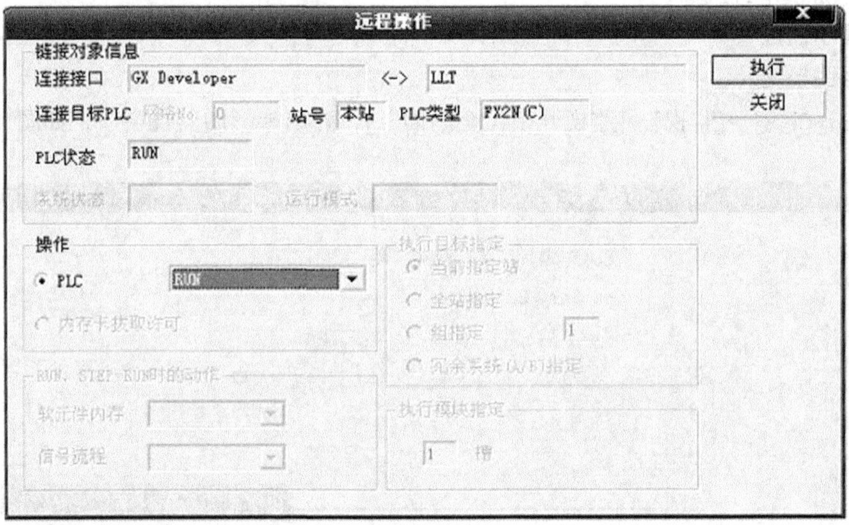

图 4-12　远程操作对话框

4. GX Developer 仿真

在 GX Developer 软件中增加了 PLC 程序的离线调试功能，即仿真功能。通过该软件可以实现在没有 PLC 的情况下照样运行 PLC 程序，并实现程序的在线监控和时序图的仿真功能。功能：在不连接 PLC 的情况下，实现程序的离线调试和状态监控。

使用方法如下。

（1）打开已经编写完成的 PLC 程序。

（2）选择工具菜单并单击“梯形图逻辑测试启动”命令，如图 4-13 所示。

（3）等几秒后会出现如图 4-14 所示画面，此时 PLC 程序进入运行状态，单击菜单启动中的“继电器内存监视”命令。

（4）此时，出现如图 4-15 所示画面，单击时序图中的“启动”命令。

（5）等出现如图 4-16 所示画面时，单击监视菜单中的“开始/停止”命令或直接按[F3]键开始时序图监视。

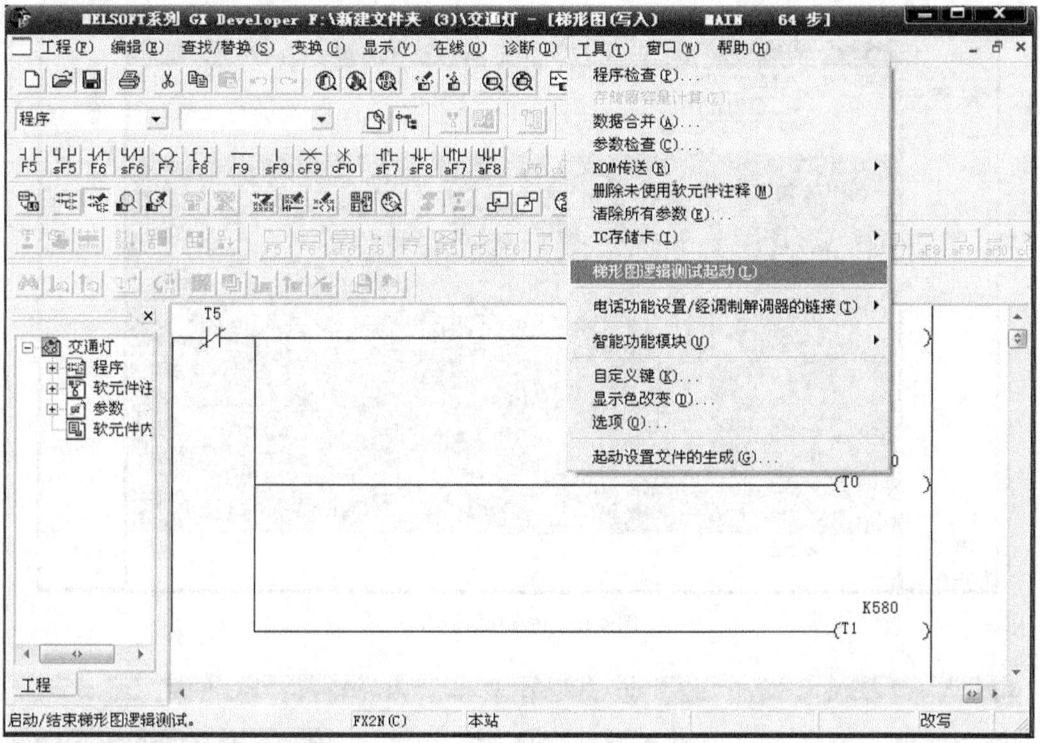

图 4-13 启动仿真功能

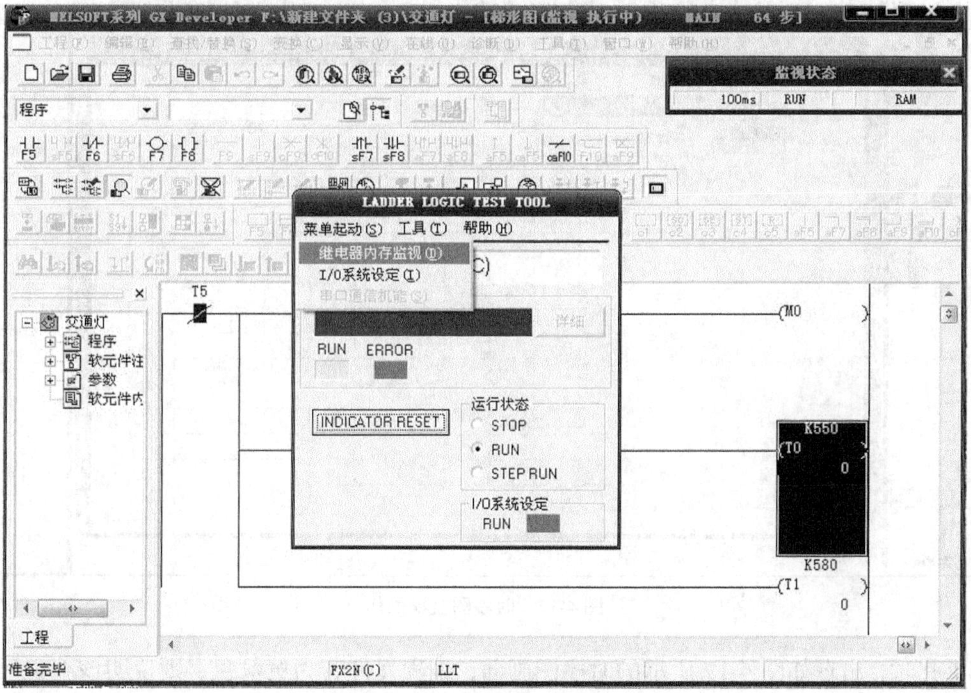

图 4-14 继电器内存监视

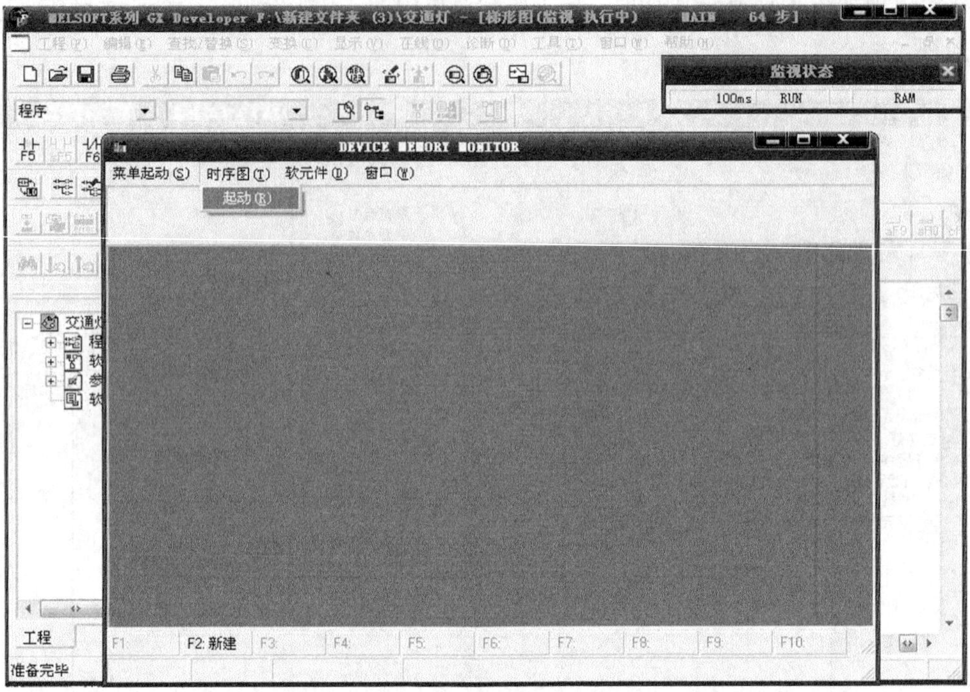

图 4-15 仿真功能说明一

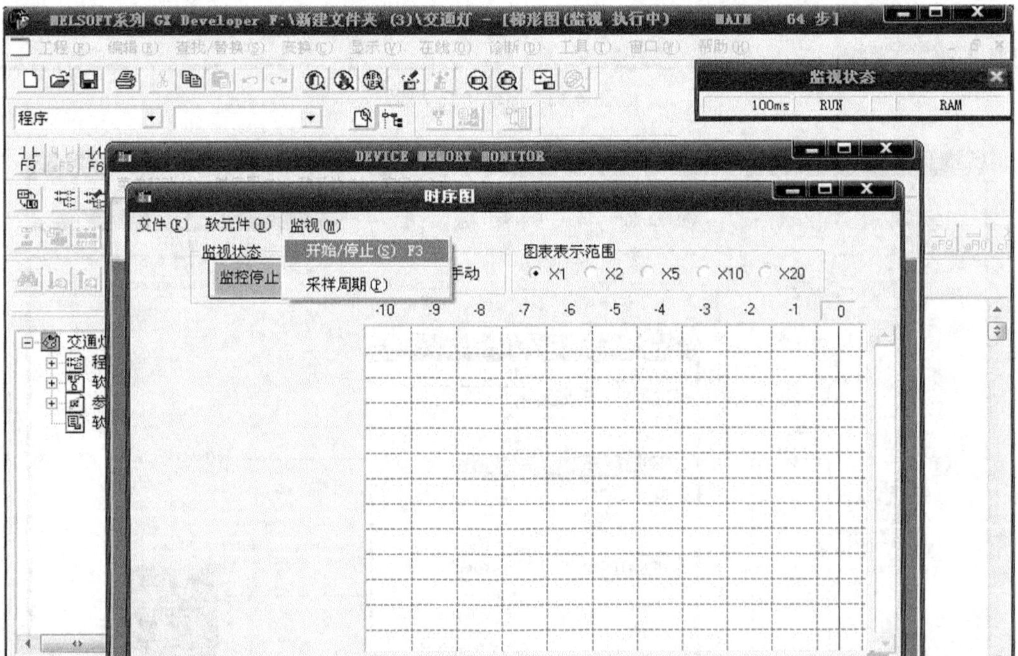

图 4-16 时序图监视操作

（6）此时，出现如图 4-17 所示的时序图画面，编程元件若为黄颜色，则说明该编程元件当前状态为“1”，此时，可以通过 PLC 程序的启动信号，则可以启动程序。

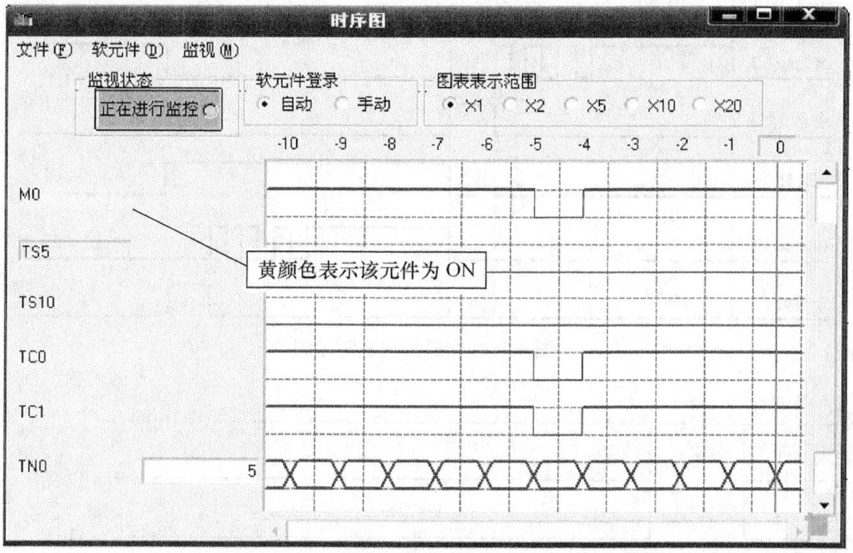

图 4-17 时序图工作状态

（7）图 4-18 所示为程序运行时的状态，若要停止运行，只要再次单击监视菜单中的“开始/停止”命令或直接按[F3]键即可。

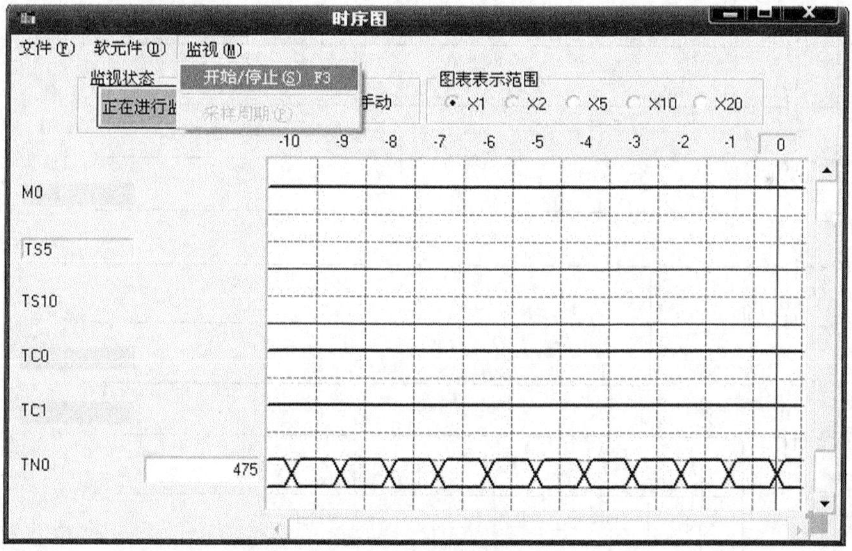

图 4-18 时序图停止监控操作

三、思考与练习

仿真软件编程实例

交通信号灯控制要求如图 4-19 所示，按照时序图给定的时间进行编程。

程序如图 4-20 所示。

仿真步骤如下。

（1）将程序用编程软件编辑出来经过转换后如图 4-21 所示。

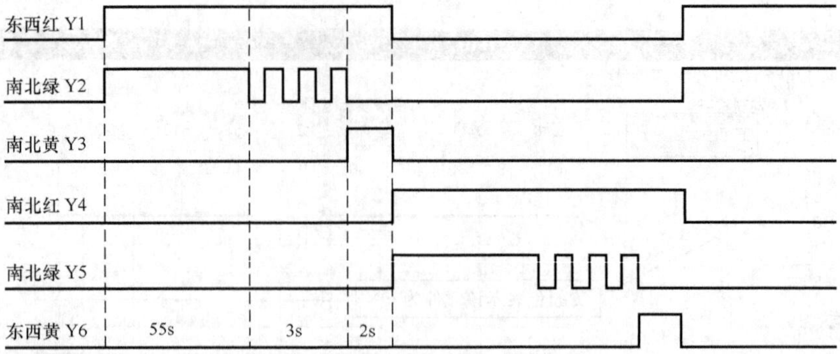

图 4-19 交通灯控制时序图

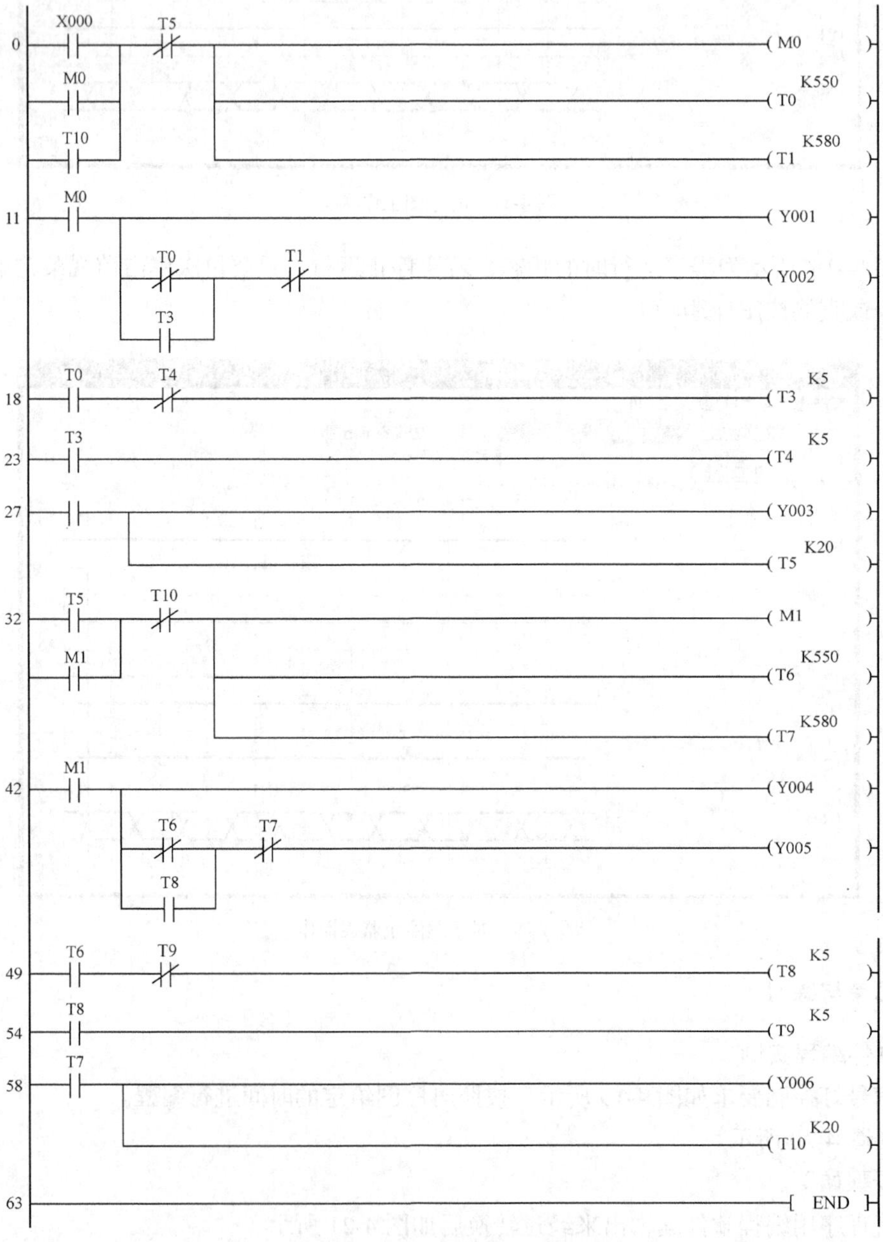

图 4-20 交通灯控制程序

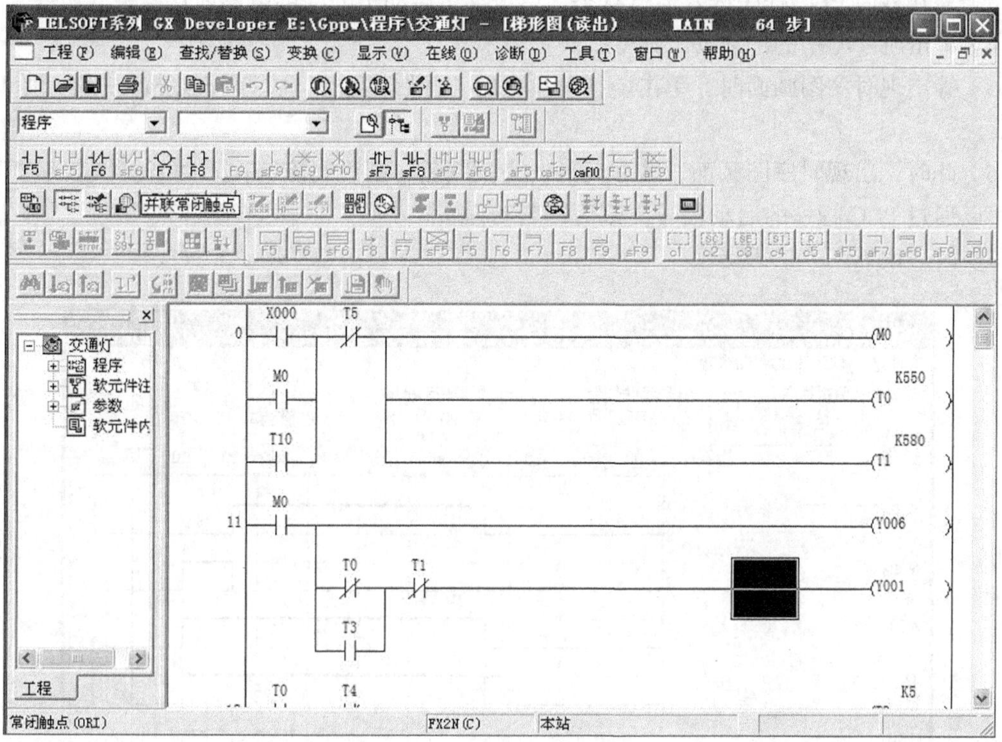

图 4-21 程序编辑转换

（2）选择工具菜单并单击“梯形图逻辑测试启动”命令，如图 4-22 所示。

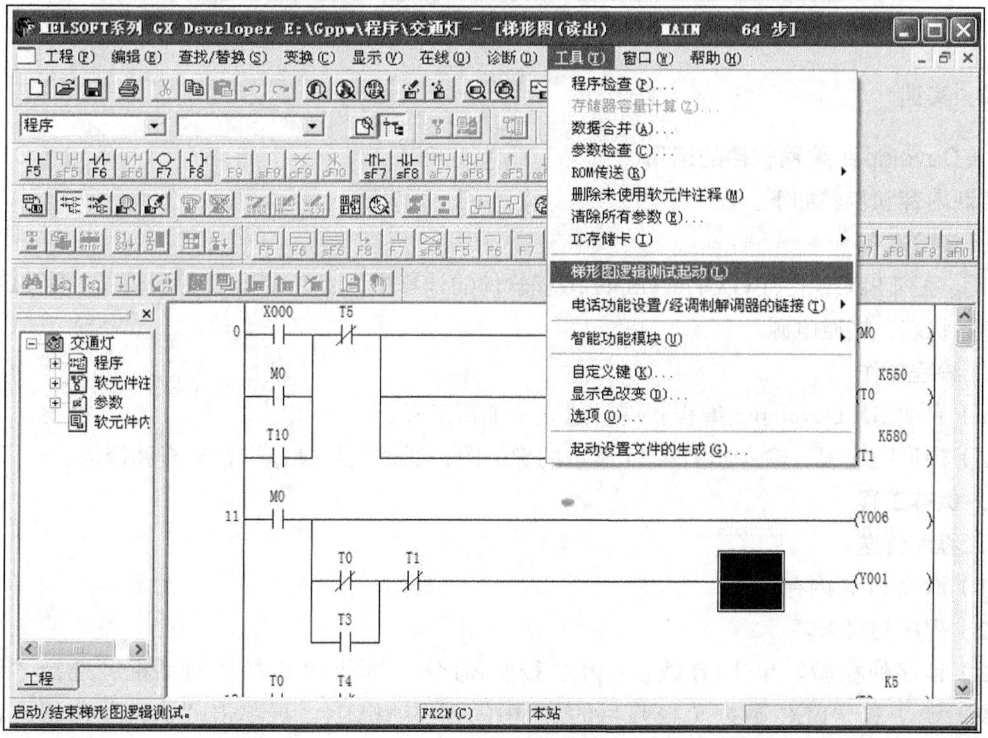

图 4-22 梯形图逻辑测试启动操作

（3）等几秒后 PLC 程序进入运行状态，单击菜单启动中的“继电器内存监视”命令。

（4）单击时序图中的“启动”命令。

（5）等出现时序图画面时，单击监视菜单中的“开始/停止”命令或直接按[F3]键开始时序图监视。

（6）此时，出现时序图画面，编程元件若为黄颜色，则说明该编程元件当前状态为“1”，此时，可以通过 PLC 程序的启动信号，则可以启动程序。

（7）时序图如图 4-23 所示。

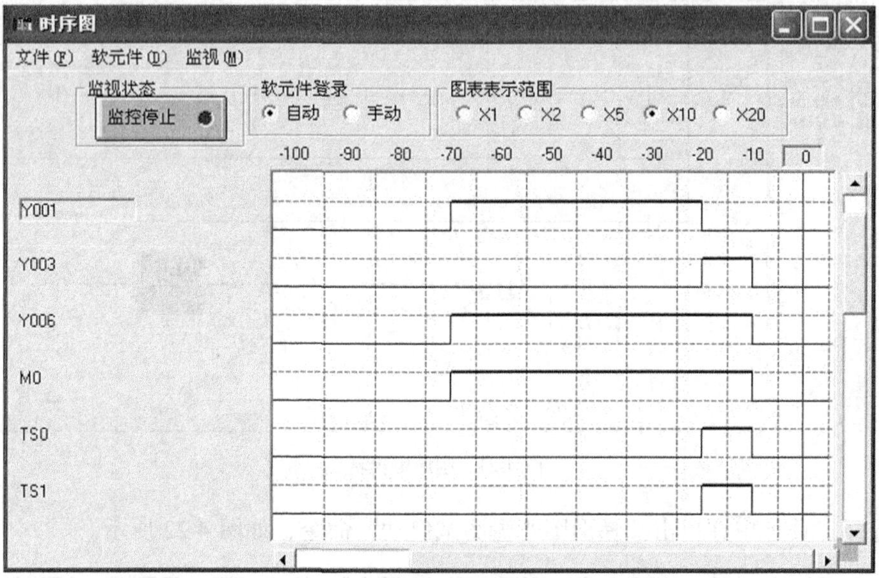

图 4-23 时序图

四、实训

GX Developer 编程软件的运用

实训内容和步骤如下。

1. 实验准备

FX_{2N} 系列 PLC、装有 GX Developer 编程软件的计算机，将 PLC 与计算机连接，使 PLC 处于“STOP”状态，接通电源。

2. 编程操作

（1）启动 GX Developer 编程软件，建立一个新工程。

（2）梯形图编程，输入如图 4-24 所示的梯形图，通过编辑操作进行检查和修改。

3. 保存工程

4. 程序传送

（1）清除 PLC 内存。

（2）程序的写入。

（3）程序的校验。单击[在线]→[PLC 校验]命令，弹出 PLC 校验对话框，选择“编辑数据（校验源）和“PLC 数据（校验目的）”中的程序 MAIN，再单击“执行”按钮，程序校验开始。

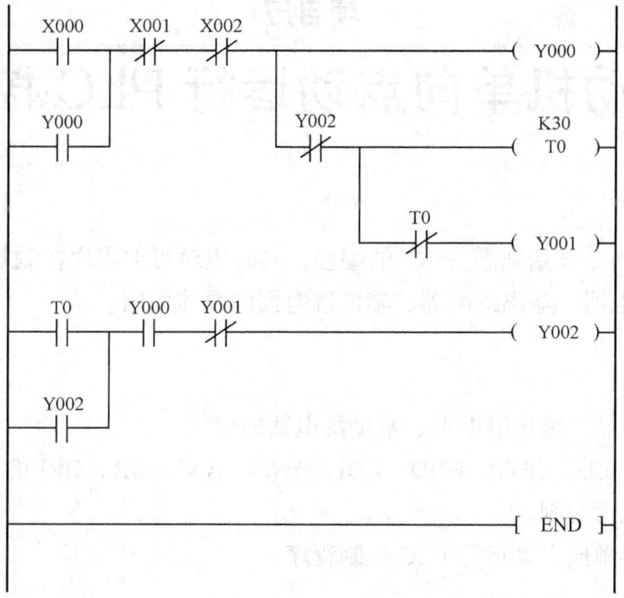

图 4-24　电动机 Y-Δ降压启动控制

5. 程序运行、监控

（1）程序运行（通过远程操作将 PLC 置于运行状态）。

（2）程序监控。

电动机单向点动运行 PLC 控制

接下来从基本的指令开始熟悉 PLC 的编程，同时也对可编程序控制器的内部继电器开始了解，并且熟悉输入继电器、输出继电器、辅助继电器的具体使用。

一、任务目标

- 熟悉输入继电器、输出继电器、辅助继电器的使用。
- 掌握基本指令 LD、OUT、END、LDI、AND、ANI、OR、ORI 的使用。
- 理解程序的编写规则。
- 能编辑电动机单向点动运行 PLC 控制程序。

二、任务知识

（一）可编程序控制器的内部软元件——继电器

1. 输入继电器

PLC 的输入端子是从外部开关接受信号的窗口，PLC 内部与输入端子连接的输入继电器是用光电隔离的电子继电器，它们的编号与接线端子编号一致（按八进制输入），线圈的吸合或释放只取决于 PLC 外部触点的状态。内部有常开/常闭两种触点供编程时随时使用，且使用次数不限。各基本单元都是八进制输入的地址，如输入为 X000 ~ X007，X010 ~ X017。

2. 输出继电器

PLC 的输出端子是向外部负载输出信号的窗口。输出继电器的线圈由程序控制，输出继电器的外部输出主触点接到 PLC 的输出端子上供外部负载使用，其余常开/常闭触点供内部程序使用。输出继电器的电子常开/常闭触点使用次数不限。输出电路的时间常数是固定的。各基本单元都是八进制输出，如输出为 Y000 ~ Y007，Y010 ~ Y017 。

3. 辅助继电器

PLC 内有很多的辅助继电器，其线圈与输出继电器一样，由 PLC 内各软元件的触点驱动。辅助继电器也称中间继电器，它没有向外的任何联系，只供内部编程使用。它的电子常开/常闭触点使用次数不受限制。但是，这些触点不能直接驱动外部负载，外部负载的驱动必须通过输出继电器来实现。

（1）通用型辅助继电器。在编程中经常使用的是通用型辅助继电器，编号为 M0 ~ M499，共 500 点，其地址号按十进制编号。通用型辅助继电器与输入端、输出端无对应关系，其触点只供内部编程使用。合理利用通用型辅助继电器可以实现输入与输出之间的复杂变换。

（2）有掉电保持的通用型辅助继电器。这种辅助继电器具有记忆功能，PLC 运行中若发生停电，再次来电后，其原先的状态不变。编号为 M500 ~ M1023，共 524 点。

（3）特殊辅助继电器。具有特定功能的辅助继电器，不能做其他用途。编号为 M8000 ~ M8255，共 256 点。以下是部分常用特殊辅助继电器。

M8000：运行（RUN）监控，在 PLC 运行时自动接通。

M8002：初始脉冲，只在 PLC 开始运行的第一个扫描周期接通。

M8012：100ms 时钟脉冲。

M8013：1s 时钟脉冲。

M8033：PLC 停止运行时输出保持。

M8034：禁止全部输出。

（二）可编程序控制器的基本指令

1. LD 取指令

常开触点与左母线连接指令，也可在分支开始处使用，与后述的块操作指令 ANB 或 ORB 配合使用。其操作的目标元件 (操作数)为 X、Y、M、T、C、S。

2. OUT 输出指令

线圈驱动指令，用逻辑运算的结果去驱动一个指定的线圈，线圈必须与右母线相连（程序中右母线可以省略不画）。本指令可驱动输出继电器、辅助继电器、定时器、计数器、状态继电器和功能指令，但不能驱动输入继电器。其目标元件为 Y、M、T、C、S 和功能指令线圈 F。可并行输出，在梯形图中相当于线圈并联，注意输出线圈不能串联使用。对定时器、计数器的输出，除使用 OUT 指令外，还必须设置时间常数 K，或指定数据寄存器的地址，时间常数 K 要占用一步。

3. END 结束指令

程序结束并返回程序开始处。

例：把如图 5-1 所示的点动控制梯形图用指令形式列出，并输入 PLC 进行运行。

解：按照梯形图转换成指令程序的方法，按自上而下、自左至右依次进行转换，指令程序为

0 LD X1

1 OUT Y0

2 END

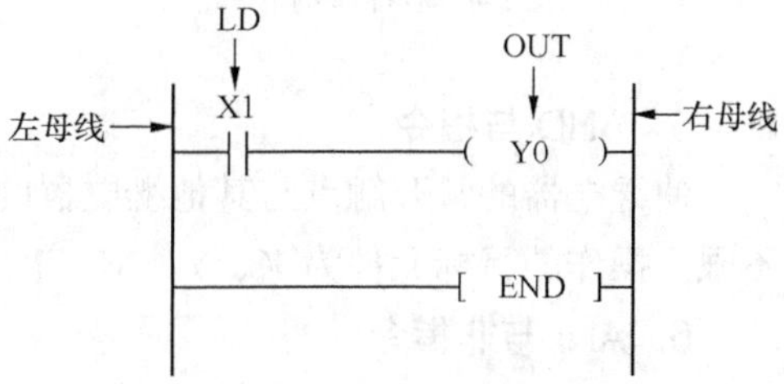

图 5-1　程序举例

例题说明：

当按下按钮时，X1 接通，线圈 Y0 得电吸合，电动机转动。当松开按钮时，X1 断开，线圈 Y0 断电复位，电动机停转。程序的执行过程是：程序从第 0 步指令开始执行，扫描 PLC 的输入点的状态并存储到 PLC 的输入映像寄存器中，然后进行逻辑运算（执行程序），将运算的结果存到输出映像寄存器中，最后统一输出，到最后一步指令 END 结束后，又返回到第 0 步程序处。执行过程可参考控制示意图（见图 5-2）和时序图（见图 5-3）。

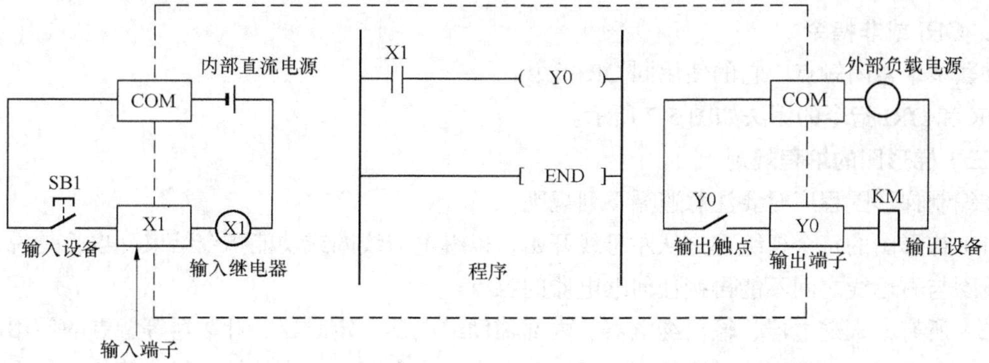

图 5-2　控制示意图

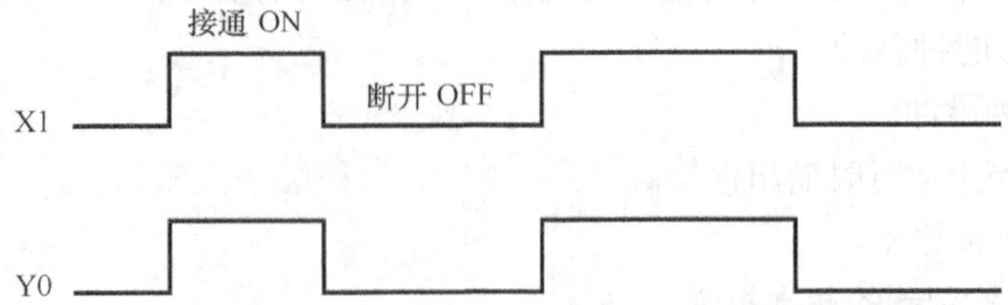

图 5-3　时序图

4. LDI 取反指令

常闭触点与母线连接指令，也可在分支开始处使用，与后述的块操作指令 ANB 或 ORB 配合使用。其操作的目标元件为 X、Y、M、T、C、S。指令用法参考程序（见图 5-4）和时序图（见图 5-5）。

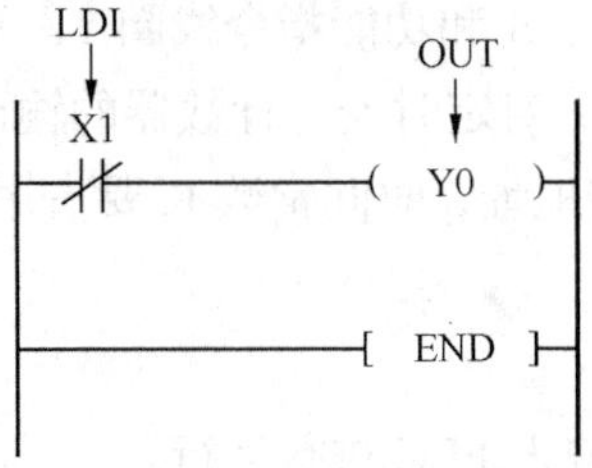

图 5-4　程序举例

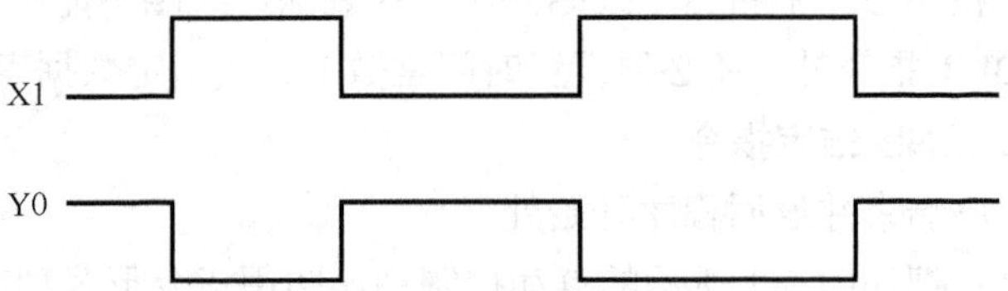

图 5-5　时序图

5. AND 与指令

使继电器的常开触点与其他继电器的触点串联。串联接点的数量不限，重复使用指令的次数不限。操作的目标元件为 X、Y、M、T、C、S。

6. ANI 与非指令

使继电器的常闭触点与其他继电器的触点串联。它的使用与 AND 指令相同。

AND 和 ANI 指令的用法如图 5-6 所示。

7. OR 或指令

并联单个常开触点，将 OR 指令后的操作元件从此位置一直并联到离此条指令最近的 LD 或 LDI 指令上，并联的数量不受限制。若要将两个以上的接点串联而成的电路块并联，要用到后述的 ORB 指令。

8. ORI 或非指令

并联单个常闭触点，它的使用同 OR 指令。

OR 和 ORI 指令的用法如图 5-7 所示。

（三）梯形图的编程规则

在编制梯形图程序时要注意遵循下列规则。

（1）梯形图的每个梯级都是从左母线开始，以继电器线圈或功能指令结束。也就是说，在继电器线圈与右母线之间不能再接任何继电器的触点。

（2）所有输入继电器、输出继电器、内部辅助继电器、定时器、计数器等触点的使用次数是无限的，且常开、常闭形式都可使用。所以，在设计梯形图时，应使结构尽量简化，使之有明确的串、并联关系，不必用复杂的结构来节省触点的使用次数。

（3）所有的输出继电器都可用作内部辅助继电器，且触点使用次数也是无限的。但输入继电器不能作为内部辅助继电器使用。因为输入继电器线圈状态只能由输入继电器决定。

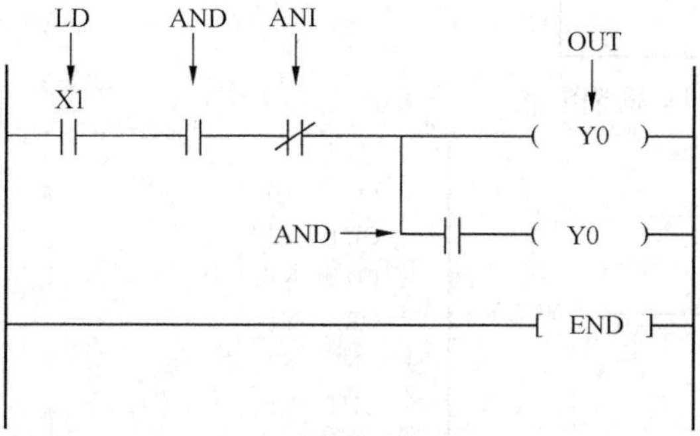

图 5-6　程序举例

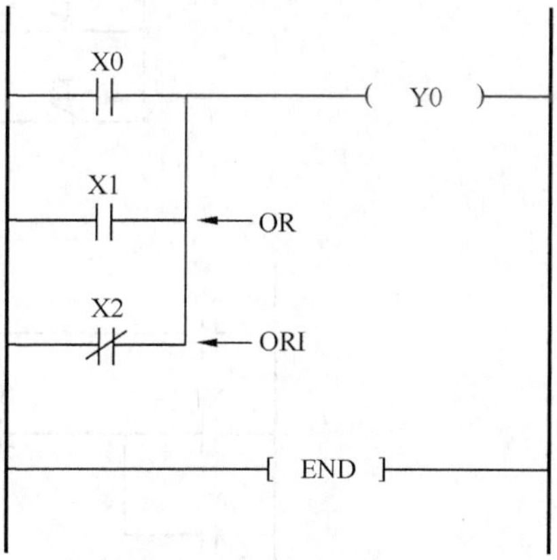

图 5-7　程序举例

（4）继电器线圈不能与左母线直接相连，如果有这种需要的话，可通过一个始终接通的特殊继电器 M8000 来连接。

（5）同一继电器的线圈不能重复使用。

（6）两个或两个以上的继电器线圈不能串联使用，但可以并联使用。

（7）在一个梯形图程序中，尽量使串联元件多的部分在最上面，使并联元件多的部分在最左边。

（四）编程举例

1. 控制要求

按下按钮 SB1 后，小灯 L1 亮，松开按钮，小灯灭。按下按钮 SB2 后，小灯 L2 长亮，按下按钮 SB3 后，小灯 L2 灭。

2. 方法与步骤

（1）列出 I/O 分配表和 I/O 外部接线图。

① I/O 分配表。

输入信号：	SB1	X0
	SB2	X1
	SB3	X2
输出信号：	L1	Y0
	L2	Y1

② I/O 外部接线图，如图 5-8 所示。

（2）分析并编制程序。

① 使 Y0 输出的信号：X0。

② 使 Y1 输出的信号：X1。

③ 使 Y1 停止输出的信号：X2。

据此编制程序，如图 5-9 所示。

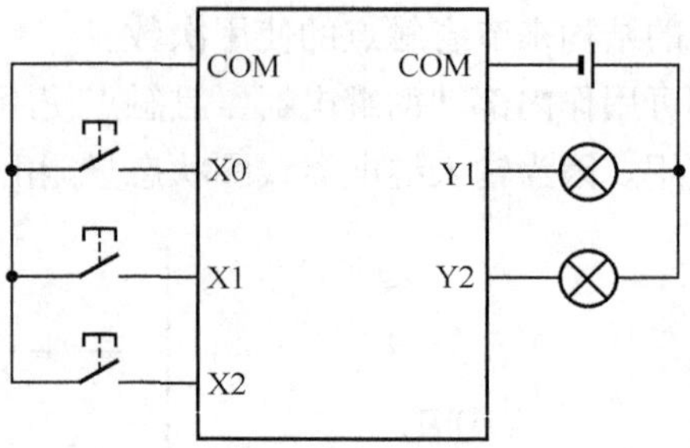

图 5-8 I/O 接线图

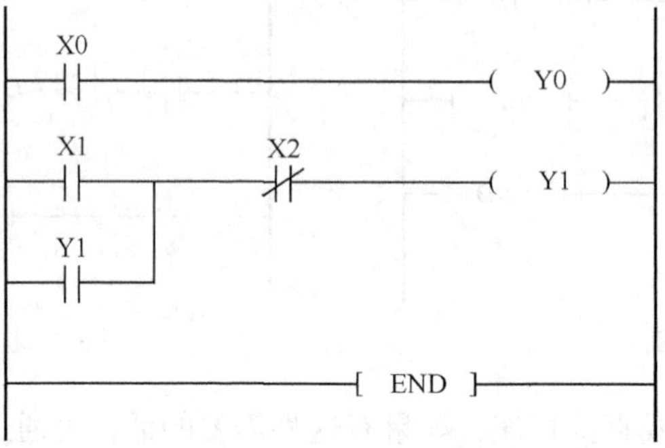


```
LD   X0
OUT  Y0
LD   X1
OR   Y1
ANI  X2
OUT  Y1
END
```

图 5-9 程序举例

三、思考与练习

1. 按下按钮 SB1、SB2 或 SB3，小灯 L1 都长亮，按下按钮 SB4 或 SB5，小灯 L1 都熄灭。

2. 按下按钮 SB1，小灯 L1 长亮，按下按钮 SB2，小灯 L2 长亮，按下按钮 SB3，小灯 L1、L2 都熄灭。

四、实训

1. 控制要求

项目任务要求该系统具有电动机单向点动运行控制功能。按下按钮，电动机得电运转；松开按钮，电动机停止运行；电动机过载时，停止运转。

2. 确认输入设备

根据控制要求分析，系统有 2 个输入信号：起/停、过载信号。由此确定，系统得输入设备有一只按钮和一只热继电器，PLC 需要 2 个输入点分别与它们的常开触头或常闭触头相连。

3. 确认输出设备

三相异步电动机的电源可由接触器的主触头引入，当接触器吸合时，电动机得电运行；接触器释放时，电动机失电停转。由此确定，系统的输出设备只有一只接触器，PLC 用 1 个输出点驱动控制该接触器的线圈即可满足要求。

4. I/O 点分配（见表 5-1）

表 5-1 输入/输出设备及 I/O 点分配表

输入			输出		
元件代号	功能	输入点	元件代号	功能	输出点
SB1	起/停	X1	KM	控制电动机运行	Y0
FR	过载保护	X2			

5. 系统线路图（见图 5-10）

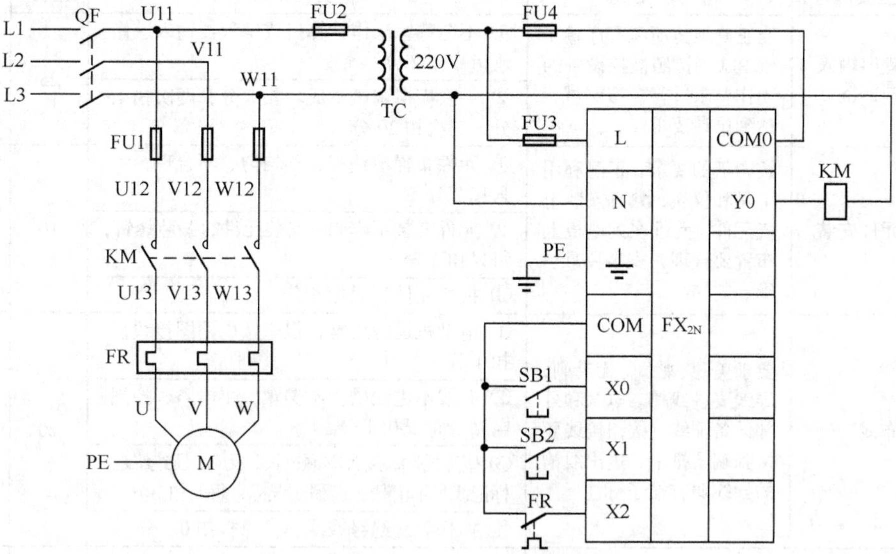

图 5-10　电动机单向点动运行 PLC 控制系统电路图

6. 程序设计（见图 5-11）

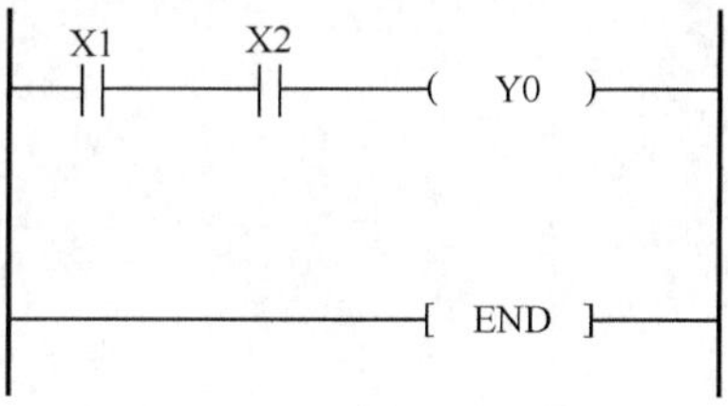


```
LD   X1
AND  X2
OUT  Y0
END
```

（a）梯形图　　（b）指令表

图 5-11　程序设计

7. 程序说明

当 SB1 被按下时，X1 的常开点闭合，Y0 得电；当电动机过载时，FR 的常闭点断开，X2 的常开点断开，Y0 失电。

五、质量评价

质量评价标准如表 5-2 所示。

表 5-2　　**质量评价标准**

序号	主要内容	考 核 要 求	评 分 标 准	配分	扣分	得分
1	程序设计	根据任务，列出 PLC 控制 I/O 口，地址分配表，根据控制要求，设计 PLC 外部接线图和梯形图，根据梯形图，列出指令表	① 输入/输出地址遗漏或搞错，每处扣 1 分 ② 梯形图表达不正确或画法不规范，每处扣 2 分 ③ 接线图表达不正确或画法不规范，每处扣 2 分 ④ 指令有错，每条扣 2 分	30		

续表

序号	主要内容	考 核 要 求	评 分 标 准	配分	扣分	得分
2	程序输入及调试	能正确地将所编程序输入 PLC，按照被控设备的动作要求进行模拟调试，达到设计要求	① 不会熟练操作计算机或编程器输入、修改指令扣 2 分	25		
			② 一次模拟调试不成功扣 8 分，两次扣 15 分，三次扣 20 分			
3	元件安装	按图纸的要求，正确利用工具和仪表，熟练安装电气元件，元件在配电板上布置要合理，安装要准确、紧固	① 元件布置不整齐、不均匀、不合理，每只扣 2 分	10		
			② 元件安装不牢固，安装元件时漏装螺钉，每只扣 2 分			
			③ 损坏元件每只扣 5 分			
4	布线	要求美观、紧固、无毛刺，导线要进线槽。电源和外部设备配线、按钮接线要接到端子排上，进出线槽的导线要有端子标注	① 电动机运行正常，但未按电路图接线，扣 1 分	20		
			② 布线不进线槽，不美观，主电路、控制电路，每根扣 1 分			
			③ 接点松动，接头露铜过长、反圈、压绝缘层，标记线号不清楚、遗漏或误标，每处扣 1 分			
			④ 损伤导线绝缘或线芯，每根扣 0.5 分			
5	团体合作精神	小组分工协作，积极参与	根据实际情况判分	5		
6	安全文明生产	正确使用设备，遵守安全用电原则，无违纪行为	根据实际情况判分	10		

项目六

电动机单向连续运行 PLC 控制

学习了可编程序控制器的上面几条编程指令，便能简单设计电动机单向连续运行的控制程序。再学习几条新的指令就能在编制的 PLC 程序中增加新的功能了。

一、任务目标

- 能懂得置位、复位指令、边沿检出指令的使用。
- 能用编辑电动机单向连续运行控制程序，并进行接线、调试。

二、任务知识

（一）PLC 基本指令

1. 置位指令

SET 指令称为置位指令，其功能为：驱动指定线圈，使其具有自锁功能，维持接通状态。置位指令的操作元件是：输出继电器 Y、辅助继电器 M、状态继电器 S。

2. 复位指令

RST 指令称为复位指令，其功能是使指定线圈复位。

复位指令的操作元件是：Y、M、S、定时器 T、计数器 C、字元件 D、移位寄存器 V、Z。

例 6-1　将如图 6-1 所示的程序输入 PLC，分别让 X0、X1 接通、分断，观察 Y0 的变化。

例题说明：当 X0 闭合时，Y0 被强制置位（让 Y0 线圈接通），即便断开 X0 也保持 Y0 接通状态不变，当 X1 闭合时，Y0 被强制复位（Y0 失电），并能保持 Y0 失电状态不变，直到下一次 X0 闭合。若 X0、X1 同时得电，复位优先，Y0 处于复位状态。

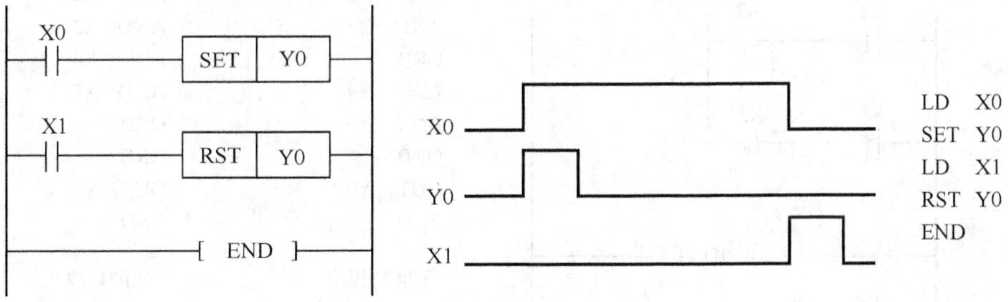

图 6-1　置位、复位指令应用

3. 上升沿检出指令

LDP、ANDP、ORP 指令是进行上升沿检出的触点指令，仅在指定位元件的上升沿（OFF→ON 变化）时，接通一个扫描周期。

4. 下降沿检出指令

LDF、ANDF、ORF 指令是进行下降沿检出的触点指令，仅在指定位元件的下降沿（ON→OFF

变化）时，接通一个扫描周期。

例 6-2 将如图 6-2 所示的程序输入 PLC，仔细观察各输出的变化。

边沿检出指令的梯形图表示方法是在常开触点中间加上↑（上升沿）、↓（下降沿）。

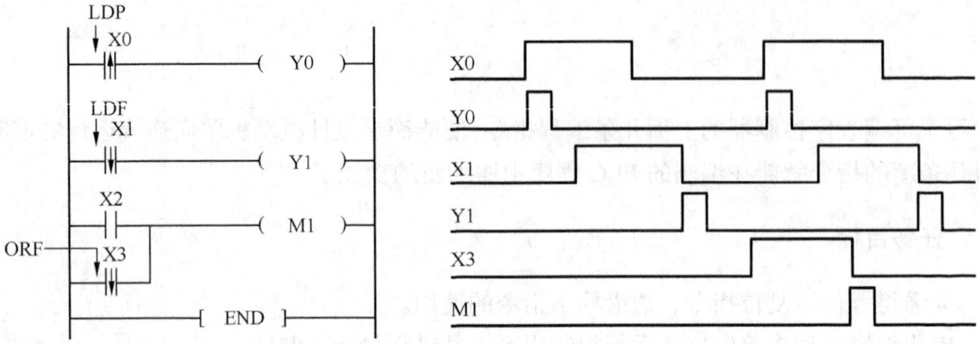

图 6-2 边沿检出指令应用举例

5. 串联电路块的并联指令

ORB 指令用于串联电路块的并联连接。使用 ORB 指令，如图 6-3 所示。

ORB 指令使用说明如下。

（1）几个串联支路并联连接时，其支路的起点以 LD、LDI 开始，支路终点用 ORB 指令。

（2）如需将多个支路并联，从第二条支路开始，在每一支路后面加 ORB 指令。

（3）对并联支路的个数没有限制。

（4）ORB 指令无操作数。对每一电路块使用 ORB 指令（见图 6-3 中正确的程序），则并联电路块数无限制。

ORB 指令也可连续使用（见图 6-3 中不佳的程序），但这样用时，重复使用 LD、LDI 指令的次数限制在 8 次以下，这点要注意。

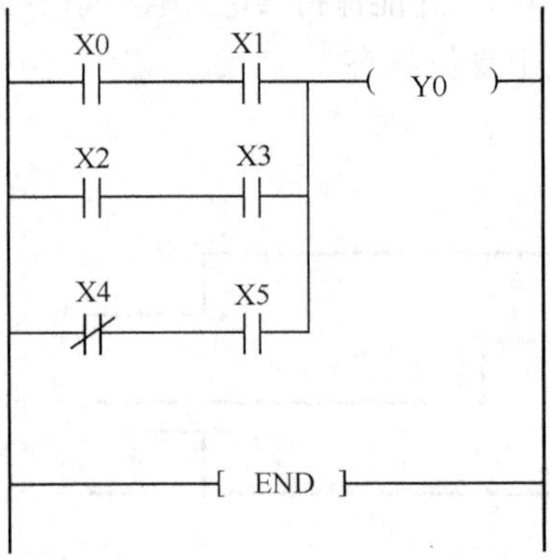

正确的程序		不佳的程序	
LD	X0	LD	X0
AND	X1	AND	X1
LD	X2	LD	X2
AND	X3	AND	X3
ORB		LDI	X4
LDI	X4	AND	X5
AND	X5	ORB	
ORB		ORB	
OUT	Y0	OUT	Y0
END		END	

图 6-3 串联电路块的并联指令的应用举例

6. 并联电路块的串联指令 ANB

ANB 用于并联电路块的串联连接。使用 ANB 指令，如图 6-4 所示。

ANB 指令使用说明如下。

（1）分支电路（并联电路块）与前面电路串联连接时，使用 ANB 指令。分支的起始点用 LD、LDI 指令，并联电路块结束后，使用 ANB 指令与前面电路串联。

（2）如果有多个并联电路块串联，顺次以 ANB 指令与前面支路连接，支路数量没有限制。

（3）ANB 指令无操作数。虽然可以连续使用 ANB 指令，但这时与 ORB 指令同样，要注意 LD、LDI 指令的使用次数限制（8 次以下）。

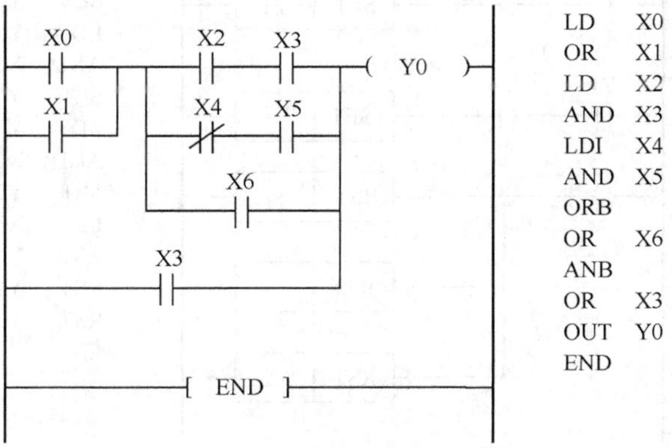

图 6-4 并联电路块的串联指令的应用举例

（二）小灯顺序启动控制程序

1. 控制要求

按下按钮 SB1 后，小灯 L1 长亮，之后按下按钮 SB2，小灯 L2 长亮，之后按下按钮 SB3，小灯 L3 长亮。L1 亮后，L2 才能亮；L2 亮后，L3 才能亮。按下 SB4，3 个小灯全灭。

2. 方法与步骤

（1）列出 I/O 分配表和 I/O 外部接线图。

① I/O 分配表。

输入信号：SB1 X0

SB2 X1

SB3 X2

SB4 X3

输出信号：L1 Y0

L2 Y1

L3 Y2

② I/O 外部接线图，如图 6-5 所示。

（2）分析并编制程序。

① 使用 SET 指令可以使输出继电器输出保持，不需要自锁结构。

② 根据流程图，前一个输出继电器输出是后一个输出继电器输出的条件之一，这要在程序中体现出来。

据此编制程序，如图 6-6 所示。

（三）小灯点动控制程序

1. 控制要求

按下按钮 SB1，小灯 L1 亮；松开按钮 SB1，小灯 L1 灭。

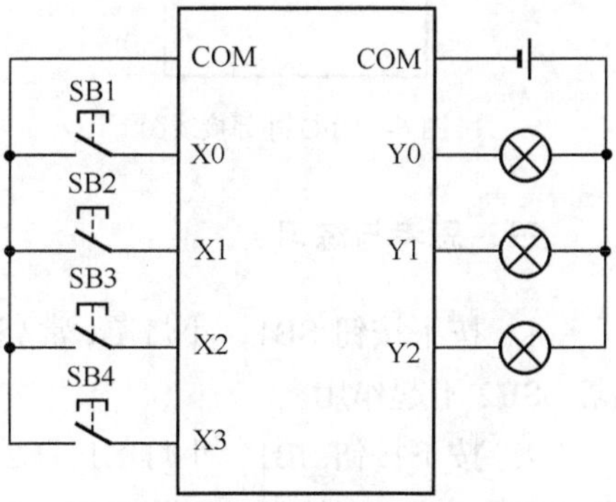

图 6-5 I/O 外部接线图

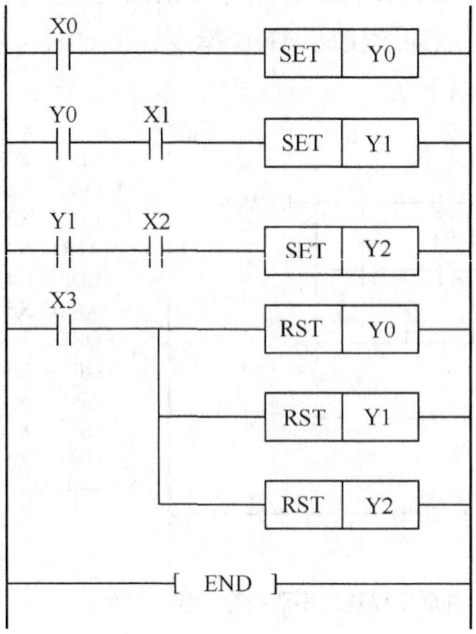


```
LD   X0
SET  Y0
LD   Y0
AND  X1
SET  Y1
LD   Y1
AND  X2
SET  Y2
LD   X3
RST  Y0
RST  Y1
RST  Y2
END
```

图 6-6 程序设计

2. 方法与步骤

（1）列出 I/O 分配表和 I/O 外部接线图。

① I/O 分配表。

输入信号：SB1 X0

输出信号：L1 Y0

② I/O 外部接线图，如图 6-7 所示。

（2）分析并编制程序。用上升沿使 Y0 输出，下降沿使 Y0 停止输出，需要用到上升沿检出指令和下降沿检出指令。

据此编制程序，如图 6-8 所示。

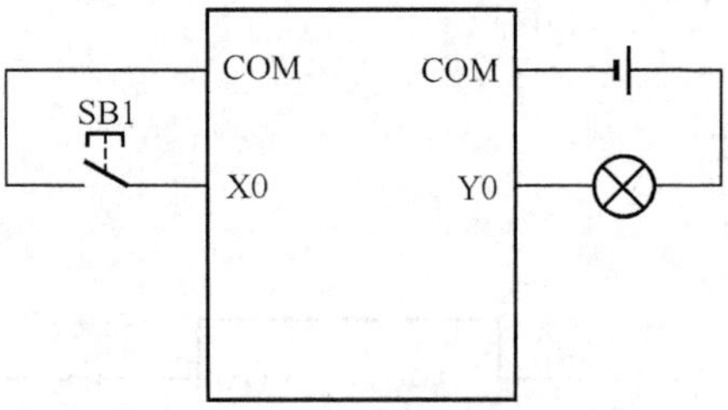

图 6-7 I/O 外部接线图

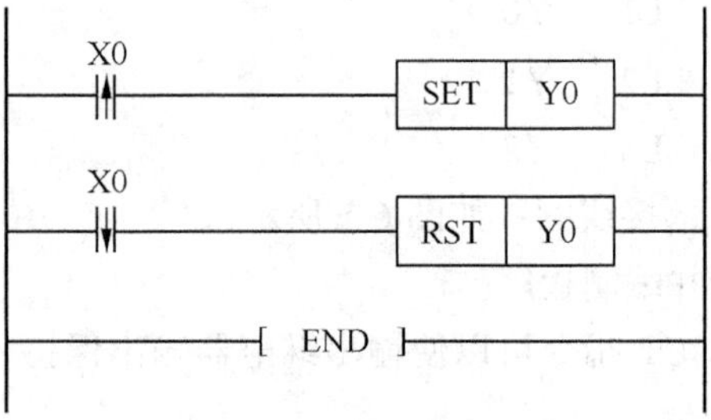


```
LDP  X0
SET  Y0
LDF  X0
RST  Y0
END
```

图 6-8 程序设计

三、思考与练习

1. 按下按钮 SB1，小灯 L1 常亮。L1 亮后，按下按钮 SB2，小灯 L2 常亮，L1 熄灭。L1 不亮，SB2 不起作用。

2. 按下按钮 SB1，小灯 L1、L2、L3 一起长亮。按下按钮 SB2，小灯 L1 熄灭；之后按下按钮 SB3，小灯 L2 熄灭；之后按下按钮 SB4，小灯 L3 熄灭。L1 熄灭后，L2 才能熄灭；L2 熄灭后，

L3 才能熄灭。

3. 利用“OUT”指令和其他指令配合编写电动机单向连续运行控制程序。

四、实训

1. 控制要求

项目任务要求系统具有电动机单向连续运行控制功能，按下启动按钮，电动机得电运转；按下停止按钮，电动机停止运转；电动机过载时，停止运转。

2. 确认输入设备

根据控制要求，系统有 3 个输入信号：启动、停止和过载信号。由此确定，系统的输入设备有两只按钮和一只热继电器，PLC 需要 3 个输入点分别与它们的常开或常闭触头相连。

3. 确定输出设备

三相异步电动机的电源可由接触器的主触头引入，当接触器吸合时，电动机得电运行；接触器释放时，电动机失电停转。由此确定，系统的输出设备只有一只接触器，PLC 用 1 个输出点驱动控制该接触器的线圈即可满足要求。

4. I/O 点分配（见表 6-1）

表 6-1　输入/输出设备及 I/O 点分配表

输　入			输　出		
元件代号	功能	输入点	元件代号	功能	输出点
SB1	启动	X0	KM	控制电动机运行	Y0
SB2	停止	X1			
FR	过载保护	X2			

5. 系统线路图（见图 6-9）

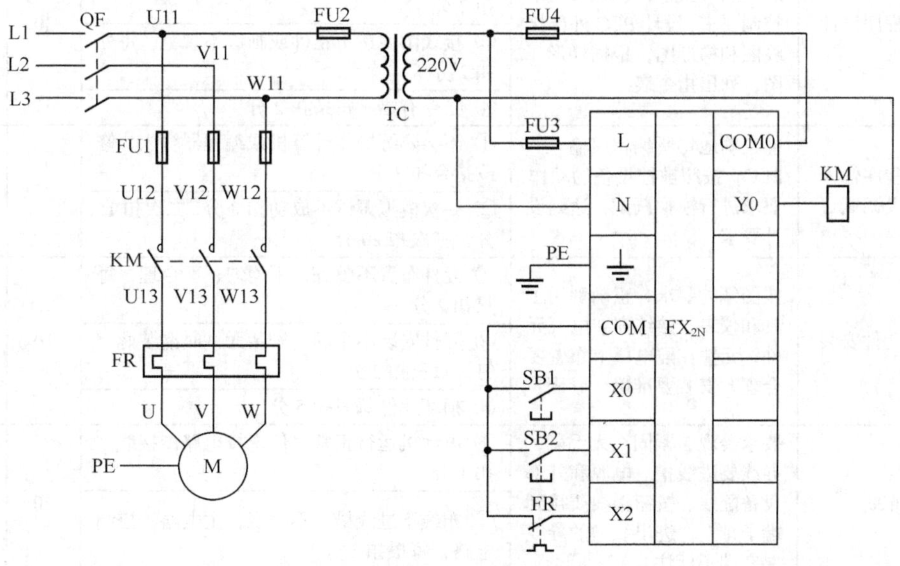

图 6-9　电动机单向连续运行 PLC 控制系统电路图

6. 程序设计（见图 6-10）

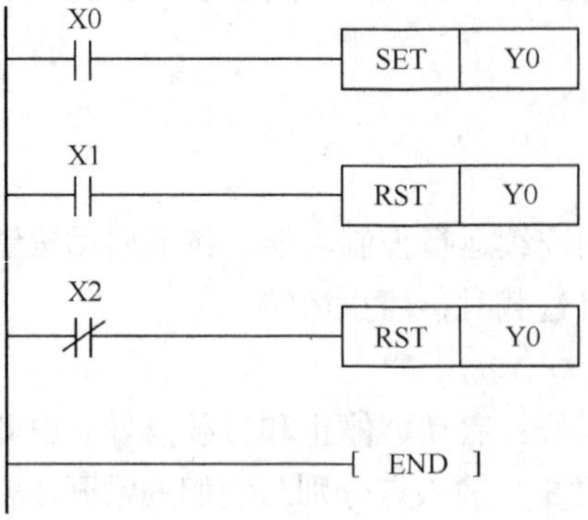

（a）梯形图

```
LD   X0
SET  Y0
LD   X1
RST  Y0
LDI  X2
RST  Y0
END
```

（b）指令表

图 6-10　程序设计

7. 程序说明

当电动机正常运行时，输入继电器 X2 始终有信号，此时 X2 的常闭点断开，“RST Y0”的指令不执行；当电动机过载时，输入继电器 X2 没有了信号，此时 X2 的常闭点闭合，“RST Y0”的指令被执行，Y0 不输出，KM 线圈失电，电动机停转。

五、质量评价

质量评价标准如表 6-2 所示。

表 6-2　　质量评价标准

序号	主要内容	考 核 要 求	评 分 标 准	配分	扣分	得分
1	程序设计	根据任务，列出 PLC 控制 I/O 口，地址分配表，根据控制要求，设计 PLC 外部接线图和梯形图，根据梯形图，列出指令表	① 输入/输出地址遗漏或搞错，每处扣 1 分 ② 梯形图表达不正确或画法不规范，每处扣 2 分 ③ 接线图表达不正确或画法不规范，每处扣 2 分 ④ 指令有错，每条扣 2 分	30		
2	程序输入及调试	能正确地将所编程序输入 PLC，按照被控设备的动作要求进行模拟调试，达到设计要求	① 不会熟练操作计算机或编程器输入、修改指令扣 2 分 ② 一次模拟调试不成功扣 8 分，二次扣 15 分，三次扣 20 分	25		
3	元件安装	按图纸的要求，正确利用工具和仪表，熟练安装电气元件，元件在配电板上布置要合理，安装要准确、紧固	① 元件布置不整齐、不均匀、不合理，每只扣 2 分 ② 元件安装不牢固，安装元件时漏装螺钉，每只扣 2 分 ③ 损坏元件每只扣 5 分	10		
4	布线	要求美观、紧固、无毛刺，导线要进线槽。电源和外部设备配线、按钮接线要接到端子排上，进出线槽的导线要有端子标注	① 电动机运行正常，但未按电路图接线，扣 1 分 ② 布线不进线槽，不美观，主电路、控制电路，每根扣 1 分	20		

续表

序号	主要内容	考 核 要 求	评 分 标 准	配分	扣分	得分
			③ 接点松动，接头露铜过长、反圈、压绝缘层，标记线号不清楚、遗漏或误标，每处扣 1 分			
			④ 损伤导线绝缘或线芯，每根扣 0.5 分			
5	团体合作精神	小组分工协作，积极参与	根据实际情况判分	5		
6	安全文明生产	正确使用设备，遵守安全用电原则，无违纪行为	根据实际情况判分	10		

项目七

节日灯顺序点亮程序实施

运用 PLC 简单的几条编程指令就能编制节日灯顺序点亮的控制程序了，而且不必真正外接节日灯，从可编程序控制器的输出继电器的 LED 指示灯的闪亮过程，便能看到编制程序的效果。

一、任务目标

- 熟悉定时器的使用。
- 了解逻辑堆栈操作指令、取反指令、脉冲输出指令的使用。
- 能够编辑节日灯控制程序。

二、任务知识

（一）PLC 软元件

定时器

定时器在程序中可作延时控制。FX 系列可编程序控制器定时器有以下 4 种类型。

100ms 定时器：T0 ~ T199　　200 点　　计时范围：0.1 ~ 3276.7s

10ms 定时器：T200 ~ T245　　46 点　　计时范围：0.01 ~ 327.67s

1ms 积算定时器：T246 ~ T249　　4 点　　计时范围：0.001 ~ 32.767s

100ms 积算定时器：T250 ~ T255　　6 点　　计时范围：0.1 ~ 3276.7s

定时器可分为非积算定时器和积算定时器两种。非积算定时器没有后备电源，在定时过程中若遇停电或驱动定时器线圈的输入断开，定时器内的脉冲计数器不保存计数值，当复电后或驱动定时器线圈的输入再次接通后，计数器又从零开始计数。积算定时器由于有后备电源，当定时过程中突然停电或驱动定时器线圈的输入断开，定时器内的脉冲计数器将保存当前值，在复电或驱动定时器线圈的输入接通后，计数器将继续计数，直到与原来设定值相等。

——(T0 K100)

图 7-1　定时器符号

定时器符号如图 7-1 所示。

指令：OUT　T0　K100

例 7-1　非积算型定时器的应用（见图 7-2），请将程序输入 PLC，观察按下 X0 后 Y0 的变化。

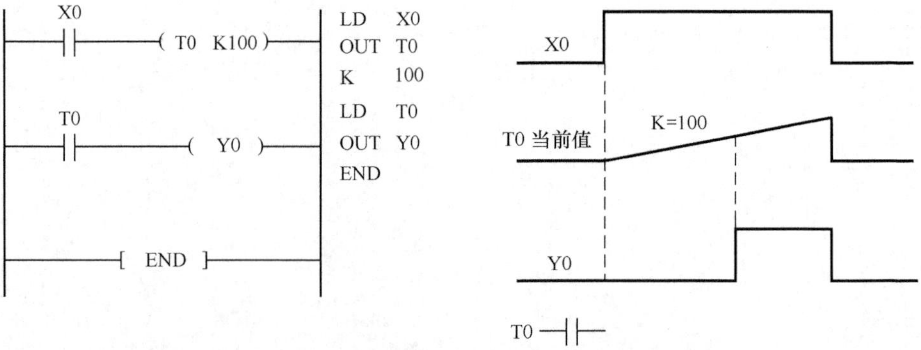

图 7-2　非积算型定时器的应用

例题说明，如图 7-3 所示。

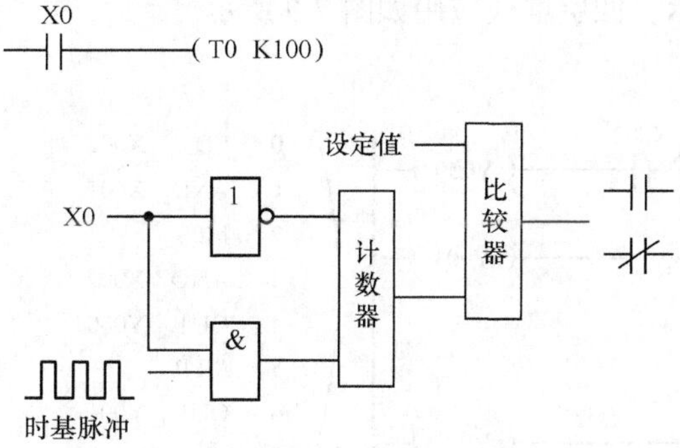

图 7-3　非积算型定时器工作原理

当 X0 闭合后，T0 开始计时即开始数时间基准脉冲（简称时基脉冲），当计时到设定值（K 值），T0 置 1，其常开触点 T0 接通，驱动 Y0 闭合；其后当前值继续增加，但不影响定时器状态，当 X0 断开，T0 复位回到原始状态。若 X0 接通后，时间未到定时值就断开，则 T0 跟随复位，Y0 不会有输出。定时器的当前值（时基脉冲数）由一个 16 位寄存器存储，最大计数值为 32767（即可数 32767 个时基脉冲）。在 PLC 内，定时器是通过数标准时基脉冲进行计数，标准时基脉冲的周期有 1ms、10ms、100ms 3 种，当选择不同的时基脉冲定时器时，同样的当前值，计时时间是不一样的。

例 7-2　请将下列程序输入 PLC 并观察 Y0 和 Y1 的动作，指出图 7-4 中 T0、T200 的定时值。

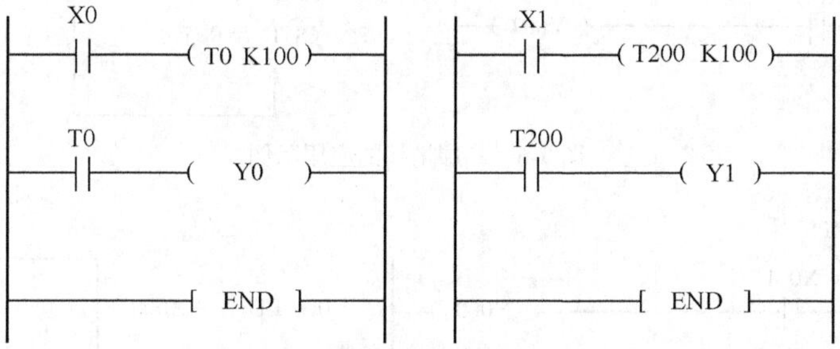

图 7-4　定时器的比较

例 7-2 中 T0 的时基脉冲是 100ms，T200 的时基脉冲是 10ms。

则 T0 的定时值是 100 × 100（ms）=10s

T200 的定时值是 100 × 10（ms）=1s

（二）PLC 基本指令

1. 逻辑堆栈操作指令

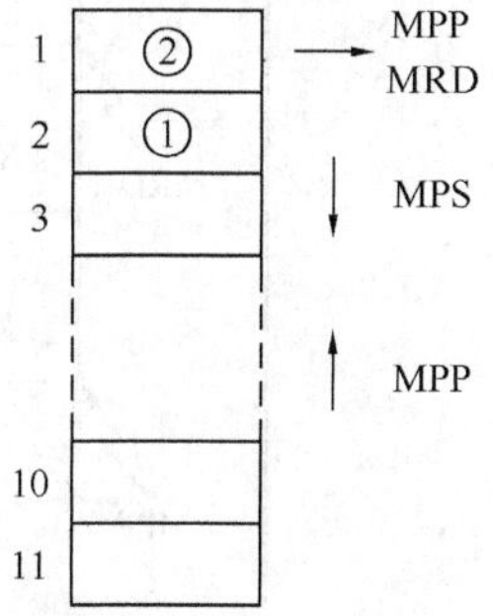

图 7-5　堆栈的结构

FX_{2N} 系列 PLC 中，有 11 个存储运算中间结果的存储器，被称为栈存储器，如图 7-5 所示。使用一次 MPS 指令，该时刻的运算结果就压入栈的第一层。再次使用 MPS 指令时，当时的运算结果压入栈的第一层，先压入的数据依次向栈的下一段压移。

使用 MPP 指令，各数据依次向上层托移。最上层的数据在读出后就从栈内消失。MRD 是最上层所存的最新数据的读出专用指令。栈内的数据不发生下压或上移。

这些指令都是没有操作元件号的指令。

一层堆栈应用示例如图 7-6 所示，一层堆栈和 ANB、ORB 指令结合示例如图 7-7 所示，二层堆栈应用示例如图 7-8 所示，四层堆栈应用如图 7-9 所示。

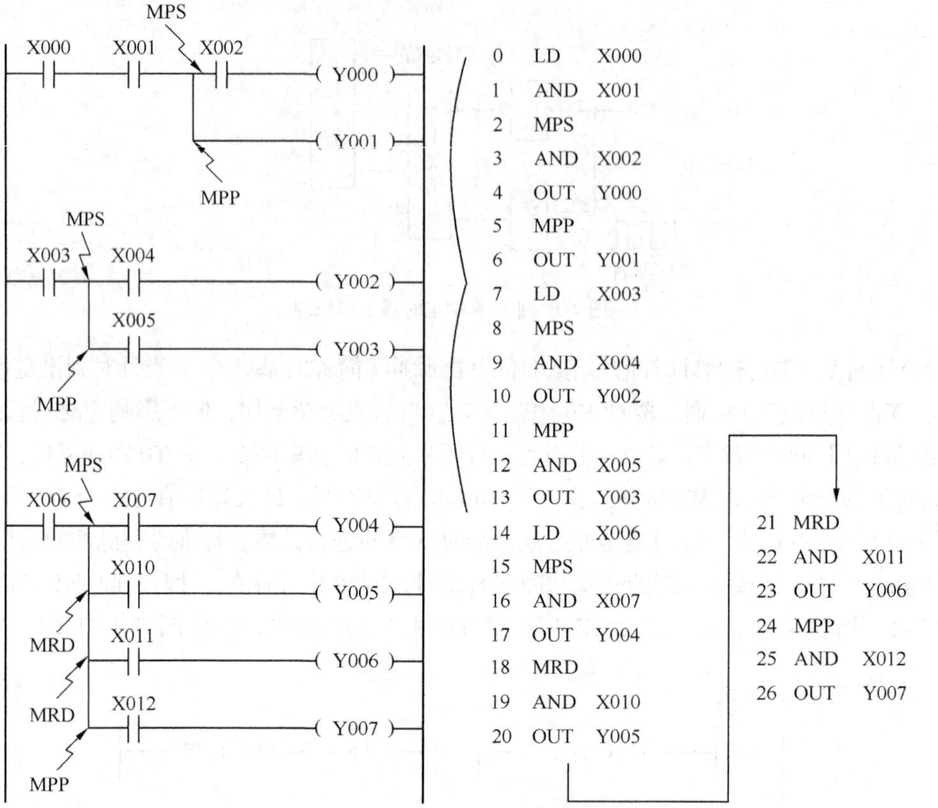

图 7-6　一层堆栈的应用示例

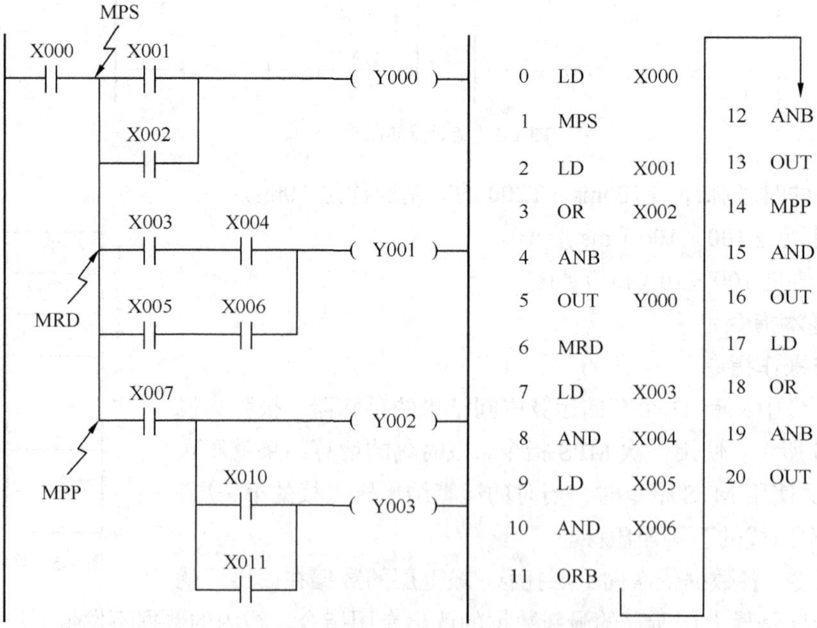

图 7-7　一层堆栈和 ANB、ORB 指令结合示例

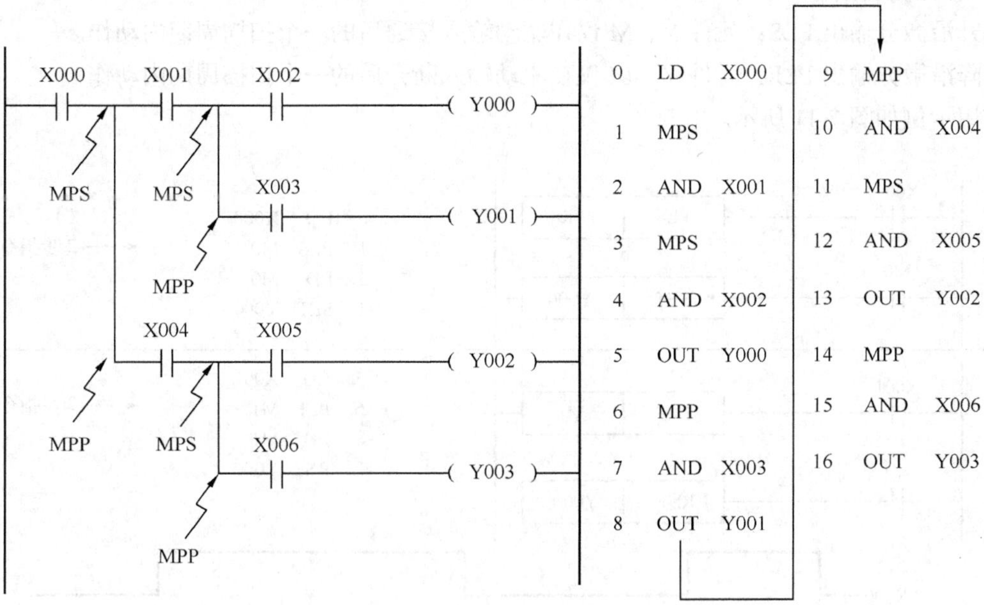

图 7-8　二层堆栈应用示例

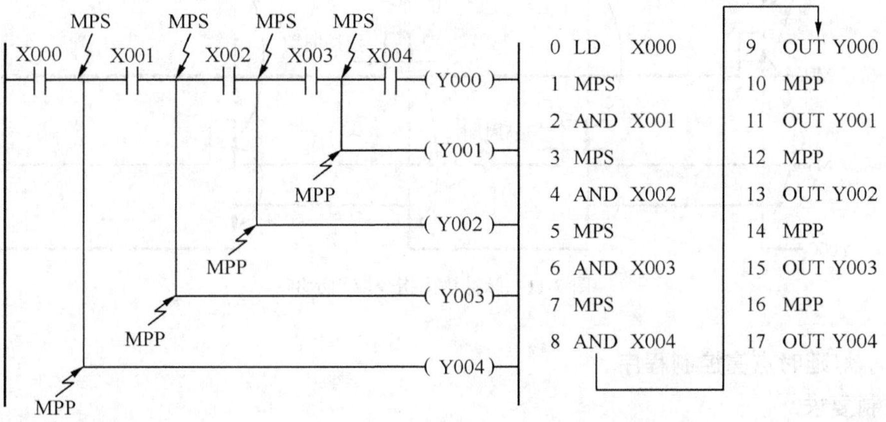

图 7-9　四层堆栈应用示例

2. 逻辑运算结果取反指令

逻辑运算结果取反指令 INV 的功能就是将运算的结果取反，其应用如图 7-10 所示。

执行 INV 指令前的运算结果	执行 INV 指令后的运算结果
OFF →	ON
ON →	OFF

反转

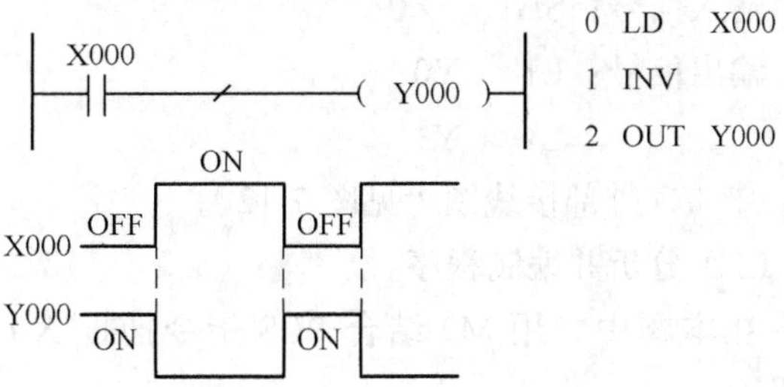

图 7-10　逻辑运算结果取反指令应用示例

3. 脉冲输出指令

上升沿微分输出 PLS：元件 Y、M 仅在驱动输入接通后的一个扫描周期内动作。

下降沿微分输出 PLF：元件 Y、M 仅在驱动输入断开后的一个扫描周期内动作。

应用示例如图 7-11 所示。

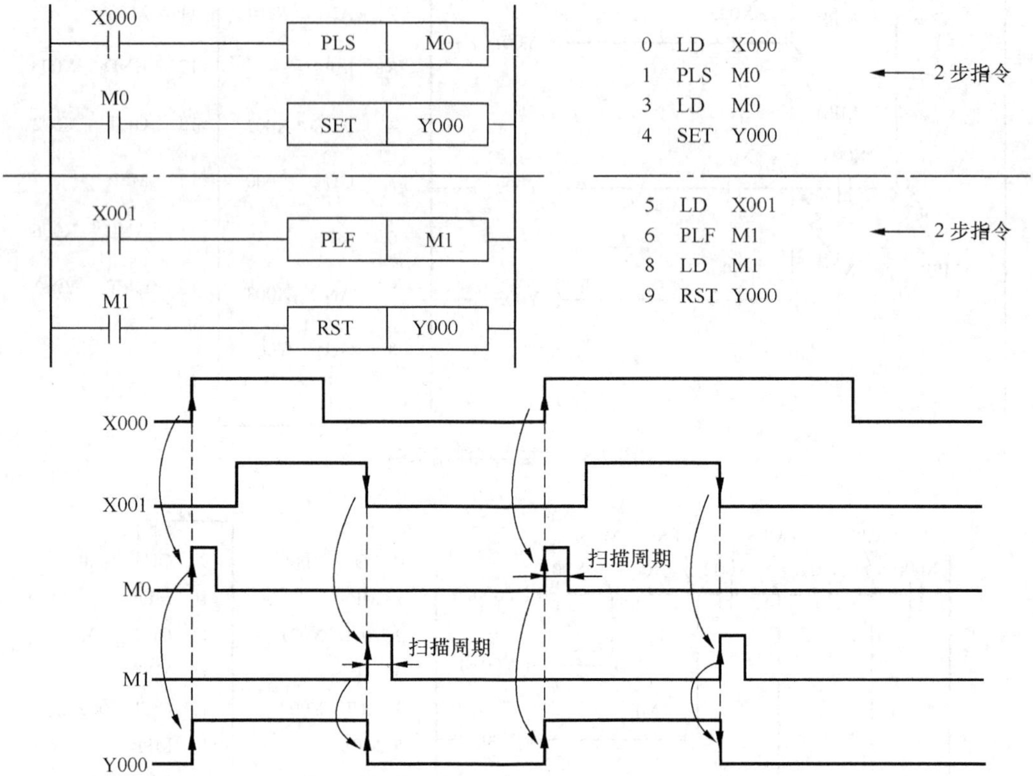

图 7-11　脉冲输出指令应用示例

（三）小灯延时点亮控制程序

1. 控制要求

按下按钮 SB1，10s 之后，小灯 L1 亮；松开按钮 SB1，5s 之后，小灯 L2 亮。

2. 方法与步骤

（1）列出 I/O 分配表和 I/O 外部接线图。

① I/O 分配表。

输入信号：SB1　X0

输出信号：L1　Y0

　　　　　L2　Y1

② I/O 外部接线图（见图 7-12）。

（2）分析并编制程序。

在本题中，用 M2 结合 PLS 指令捕捉 X0 的上升沿；用 M3 结合 PLF 指令捕捉 X0 的下降沿。

程序如图 7-13 所示。

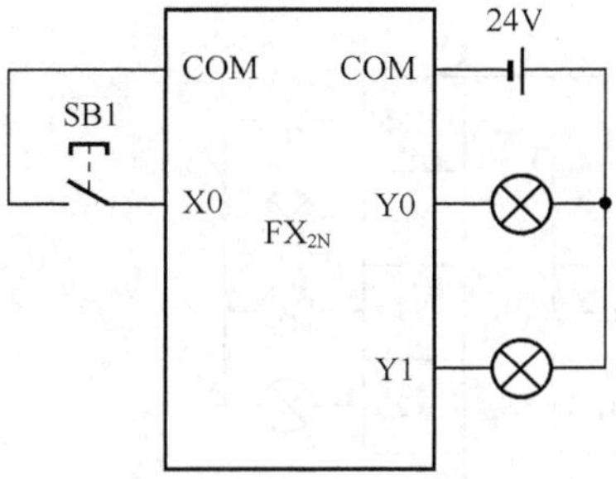

图 7-12　I/O 外部接线图

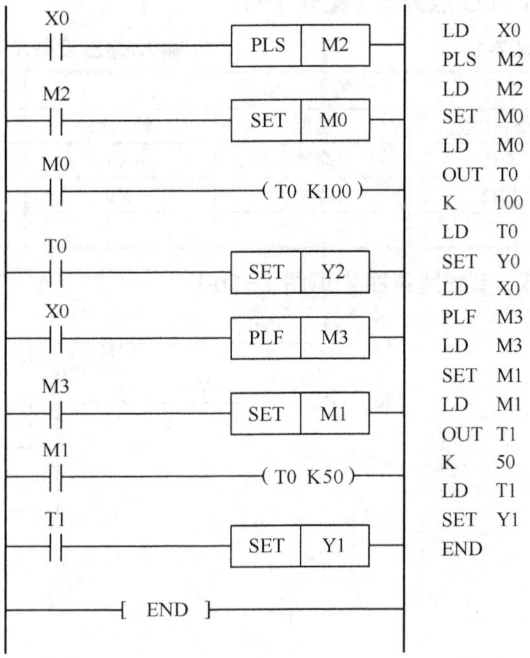

图 7-13　程序设计

三、思考与练习

1. 写出如图 7-14 所示梯形图程序的指令语句表。

2. 按下按钮 SB1，10s 之后，小灯 L1 亮；松开按钮 SB1，5s 之后，小灯 L2 亮。L2 亮 6s 后，L1 和 L2 一起熄灭。

3. 按一下按钮 SB1，10s 后，小灯 L1 和 L2 一起点亮，5s 后，L1 熄灭，再过 6s，L2 熄灭。

4. 按一下按钮 SB1，小灯 L1 点亮。10s 后，小灯 L2 亮，L1 熄灭。再过 4s，L1 点亮，L2 熄灭。

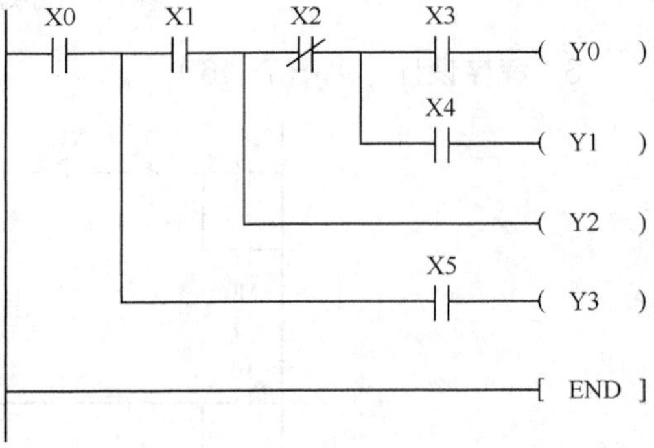

图 7-14　梯形图

四、实训

1. 控制要求

项目任务要求按下按钮 SB1，10s 之后，小灯 L1 亮；L1 亮 10s 后，小灯 L2 亮；L2 亮 10s 后，小灯 L3 亮；L3 亮 10s 后，L1、L2、L3 一起熄灭。任何时候按下按钮 SB2，小灯全部熄灭。

2. 确认输入设备

根据控制要求，系统有 2 个输入信号：启动、停止。由此确定，系统的输入设备有 2 只按钮，PLC 需要 2 个输入点分别与它们的常开触头相连。

3. 确定输出设备

采用 24V 直流灯泡，用 PLC 输出点即可直接驱动，系统中有 3 个灯泡，需要 3 个输出点。

4. I/O 点分配（见表 7-1）

表 7-1　　输入/输出设备及 I/O 点分配表

输入			输出		
元件代号	功能	输入点	元件代号	功能	输出点
SB1	启动	X0	L1	灯泡	Y0
SB2	停止	X1	L2	灯泡	Y1
			L3	灯泡	Y2

5. 系统线路图（见图 7-15）

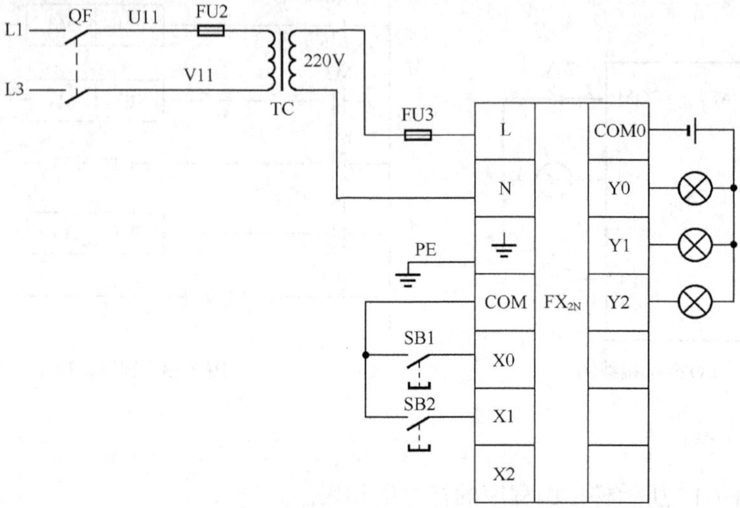

图 7-15　小灯顺序点亮 PLC 控制电路图

6. 程序设计（见图 7-16）

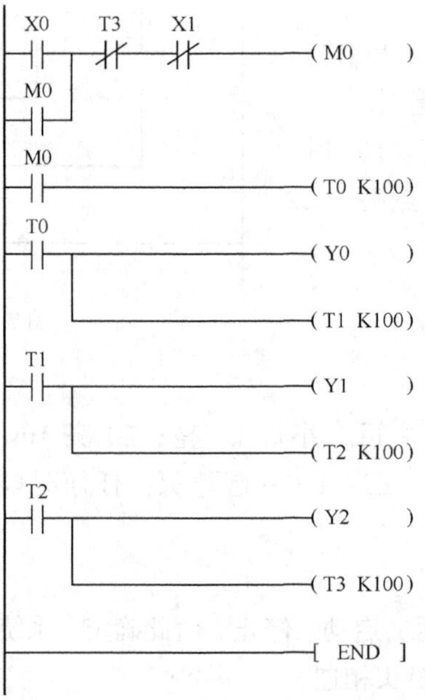


```
LD    X0
OR    M0
ANI   T3
ANI   X1
OUT   M0
LD    M0
OUT   T0
   K  100
LD    T0
OUT   Y0
OUT   T1
   K  100
LD    T1
OUT   Y1
OUT   T2
   K  100
LD    T2
OUT   Y2
OUT   T3
   K  100
END
```

（a）梯形图　　　　（b）指令表

图 7-16　程序设计

7. 程序说明

利用辅助继电器 M0 来实现定时器和输出继电器的总控制，当 M0 失电时，M0 的长开触点断开，所有的定时器和输出继电器都失电了。

五、质量评价

质量评价标准如表 7-2 所示。

表 7-2　　质量评价标准

序号	主要内容	考核要求	评分标准	配分	扣分	得分
1	程序设计	根据任务，列出 PLC 控制 I/O 口，地址分配表，根据控制要求，设计 PLC 外部接线图和梯形图，根据梯形图，列出指令表	① 输入/输出地址遗漏或搞错，每处扣 1 分 ② 梯形图表达不正确或画法不规范，每处扣 2 分 ③ 接线图表达不正确或画法不规范，每处扣 2 分 ④ 指令有错，每条扣 2 分	30		
2	程序输入及调试	能正确地将所编程序输入 PLC，按照被控设备的动作要求进行模拟调试，达到设计要求	① 不会熟练操作计算机或编程器输入、修改指令扣 2 分 ② 一次模拟调试不成功扣 8 分，两次扣 15 分，三次扣 20 分	25		
3	元件安装	按图纸的要求，正确利用工具和仪表，熟练安装电气元件，元件在配电板上布置要合理，安装要准确、紧固	① 元件布置不整齐、不均匀、不合理，每只扣 2 分 ② 元件安装不牢固，安装元件时漏装螺钉，每只扣 2 分 ③ 损坏元件每只扣 5 分	10		
4	布线	要求美观、紧固、无毛刺，导线要进线槽。电源和外部设备配线、按钮接线要接到端子排上，进出线槽的导线要有端子标注	① 电动机运行正常，但未按电路图接线，扣 1 分 ② 布线不进线槽，不美观，主电路、控制电路，每根扣 1 分 ③ 接点松动，接头露铜过长、反圈、压绝缘层，标记线号不清楚、遗漏或误标，每处扣 1 分 ④ 损伤导线绝缘或线芯，每根扣 0.5 分	20		
5	团体合作精神	小组分工协作，积极参与	根据实际情况判分	5		
6	安全文明生产	正确使用设备，遵守安全用电原则，无违纪行为	根据实际情况判分	10		

电动机正反转连续运行 PLC 控制

电动机的正反转运行控制，采用 PLC 编程能够很容易实现，这样便能为很多应用中的自动化控制打下良好的基础。

一、任务目标

- 了解内部计数器的使用。
- 进一步熟悉基本指令的使用。
- 熟悉电动机正反转连续运行 PLC 控制编辑控制程序。

二、任务知识

（一）PLC 软元件

1. 内部计数器

（1）分类和元件号。

① 16 位顺计数器。

计数范围：0 ~ 32767

一般用：C0 ~ C99

停电保持用：C100 ~ C199

② 32 位顺/逆计数器。

计数范围：−2147483648 ~ +2147483647

一般用：C200 ~ C219

特殊用：C220 ~ C234

（2）内部计数器功能和动作原理。

① 16 位计数器功能和动作原理。

16 位计数器功能和动作原理如图 8-1 所示，X011 为计数输入，每次 X011 接通时，计数器当

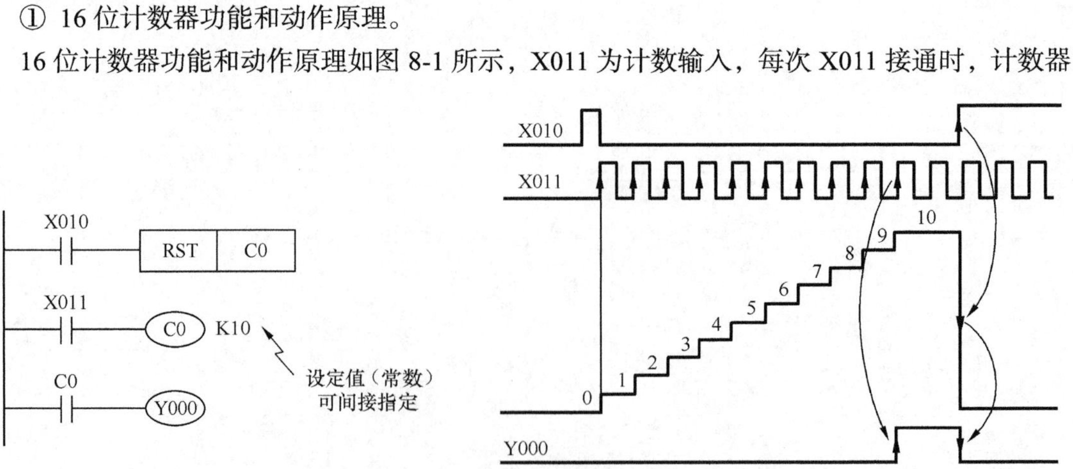

图 8-1　16 位计数器动作原理

前值增 1。当计数器的当前值为 10 时，即计数输入达到第 10 次时，计数器 C0 的输出触头接通，之后即使输入 X011 再接通，计数器的当前值都保持不变。当复位输入 X010 接通（ON），执行 RST 指令，计数器当前值复位为 0，输出触头也断开（OFF）。

计数器的设定值，除了可由常数 K 设定外，还可间接通过指定数据寄存器的元件号来设定，如指定 D10，而 D10 的内容为 123，则与设定 K123 等效。

如果将大于设定值的数输入当前值寄存器（如用 MOV 指令），则当计数输入端 ON 时，计数器继续计数。其他计数器也是如此。

② 32 位双向计数器功能和动作原理。

32 位双向计数器功能和动作原理如图 8-2 所示，用 X014 作为计数输入，驱动 C200 线圈进行加计数或减计数，当计数器的当前值由−6 ~ −5（增加）时，其触头接通（置 1）；由−5 ~ −6（减少）时，其触头断开（置 0）。

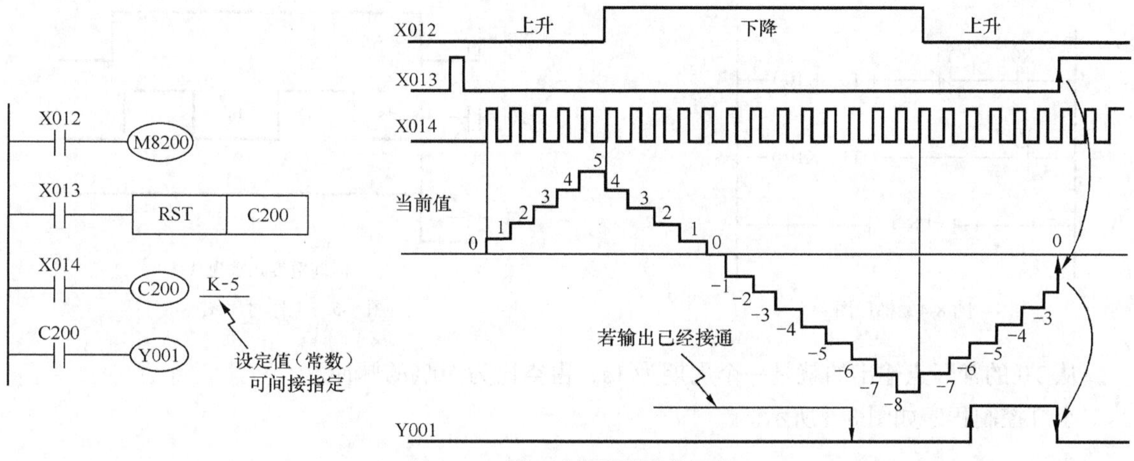

图 8-2　32 位双向计数器动作原理

当前值的增减虽与输出触头的动作无关，但从+2147483647 起再进行加计数当前值就成为−2147483648。同样从−2147483648 起进行减计数，当前值就成了+2147483647（这种动作称为循环计数）。当复位输入 X013 接通（ON），计数器的当前值就为 0，输出触头也复位。

使用掉电保持的计数器，其当前值和输出触头状态均能停电保持。

32 位计数器可当作 32 位数据寄存器使用，但不能用作 16 位指令中的操作元件。

2. 高速计数器

用于对较高频率（最高 10kHz）的信号进行计数的计数器。与内部计数器相比较，高速计数器不受机器扫描频率的限制，它可以以中断方式对机外高频信号进行计数。完成许多工业控制计数场合的要求。

（二）小灯计数控制程序

1. 控制要求

按下按钮 SB1，小灯 L1 以亮 1s，灭 1s 的方式进入闪烁，当闪烁 5 次后，小灯 L1 灭，计数器复位，小灯 L2 亮；6s 后，小灯 L1 亮；5s 后，L1、L2 一起熄灭。

2. 方法与步骤

（1）列出 I/O 分配表和 I/O 外部接线图。

① I/O 分配表。

输入信号：SB1　X0

输出信号：L1　Y0

　　　　　L2　Y1

② I/O 外部接线图，如图 8-3 所示。

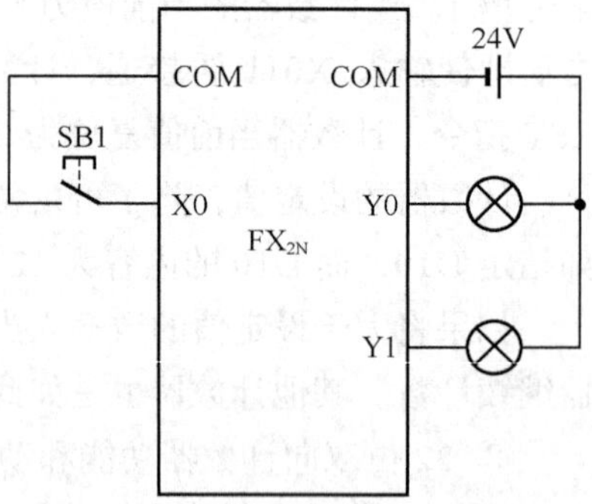

图 8-3　I/O 外部接线图

（2）分析并编制程序。

可以将 Y0 的闪烁程序看成是一个固定的模块，想让 Y0 闪烁，需要一个脉冲输出程序，脉冲输出程序有多种形式，下面举例说明，如图 8-4 所示。

程序按照如图 8-5 所示工作时序图运行。

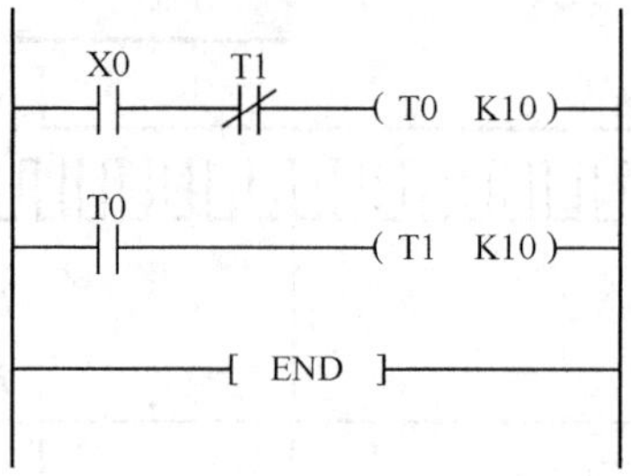

图 8-4　梯形图

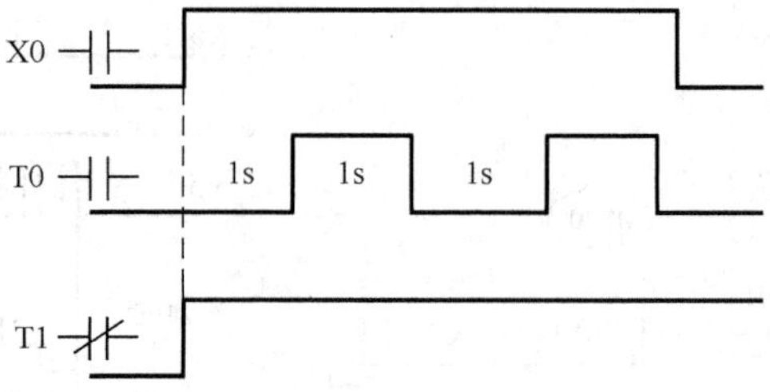

图 8-5　工作时序图

从 T0 的常开点输出的就是一个周期为 1s，占空比为 50%的脉冲。

小灯控制程序如图 8-6 所示。

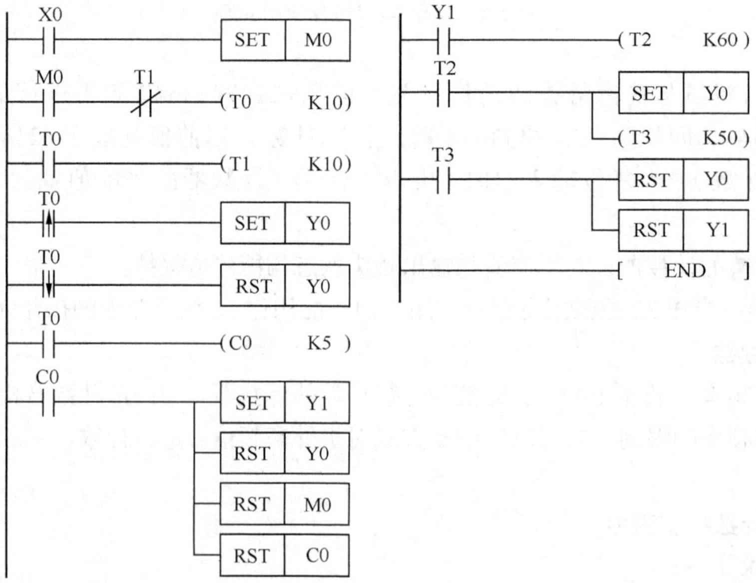

（a）梯形图

图 8-6　程序设计

```
LD   X0      LDP  T0      RST  Y0      OUT  T3
SET  M0      SET  Y0      RST  M0           K50
LD   M0      LDF  T0      RST  C0      LD   T3
ANI  T1      RST  Y0      LD   Y1      RST  Y0
OUT  T0      LD   T0      OUT  T2      RST  Y1
     K10     OUT  C0           K60     END
LD   T0           K5      LD   T2
OUT  T1      LD   C0      SET  Y0
     K10     SET  Y1
```

（b）指令表

图 8-6　程序设计（续）

三、思考与练习

1. 按下按钮 SB1，小灯 L1 和 L2 按如图 8-7 所示工作时序图运行，30s 后停止。

2. 按下按钮 SB1 3 次后，小灯 L1 亮；5s 后，小灯 L2 亮；5s 后，L1 和 L2 一起熄灭。

3. 用按钮 SB1 控制小灯 L1 的亮与灭，即按一下 SB1，L1 亮；再按一下 SB1，L1 灭；如此循环。

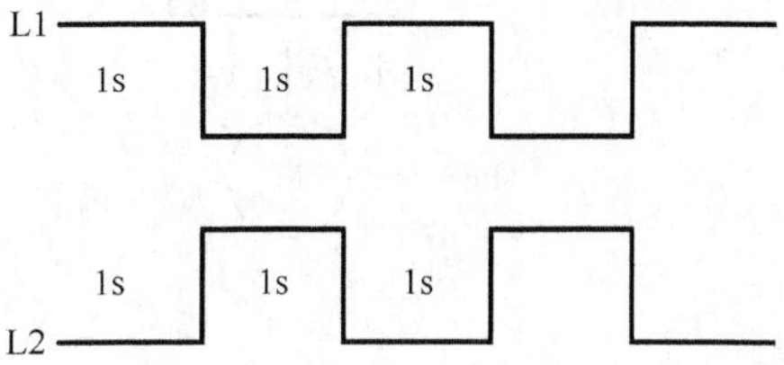

图 8-7　时序图

4. 只用一个按钮控制楼梯灯，当按一次按钮时，楼梯灯亮 30s，而后自动熄灭。当在 30s 内按两次按钮时，灯常亮不灭。当按下按钮时间超过 2s 时，灯熄灭。

四、实训

1. 控制要求

项目任务要求电动机具有正反转连续运行功能，按下启动按钮，电动机正转，30s 后电动机反转，1min 后电动机正转，如此循环，当电动机第 3 次反转结束后，电动机停止；按下停止按钮，电动机停止运转；电动机过载时，停止运转。

2. 确认输入设备

根据控制要求，系统有 3 个输入信号：启动、停止和过载信号。由此确定，系统的输入设备有两只按钮和一只热继电器，PLC 需要 3 个输入点分别与它们的常开或常闭触头相连。

3. 确定输出设备

三相异步电动机的电源可由接触器的主触头引入，当接触器吸合时，电动机得电运行；接触器释放时，电动机失电停转。如果想让电动机反转，必须换相，即将三相电中的两相顺序调换。由此确定，系统的输出设备有 2 只接触器，PLC 用 2 个输出点驱动控制该接触器的线圈可满足要求。

4. I/O 点分配（见表 8-1）

表 8-1　　输入/输出设备及 I/O 点分配表

输　入			输　出		
元件代号	功能	输入点	元件代号	功能	输出点
SB1	启动	X0	KM1	控制电动机正向运行	Y0
SB2	停止	X1	KM2	控制电动机反向运行	Y1
FR	过载保护	X2			

5. 系统线路图（见图 8-8）

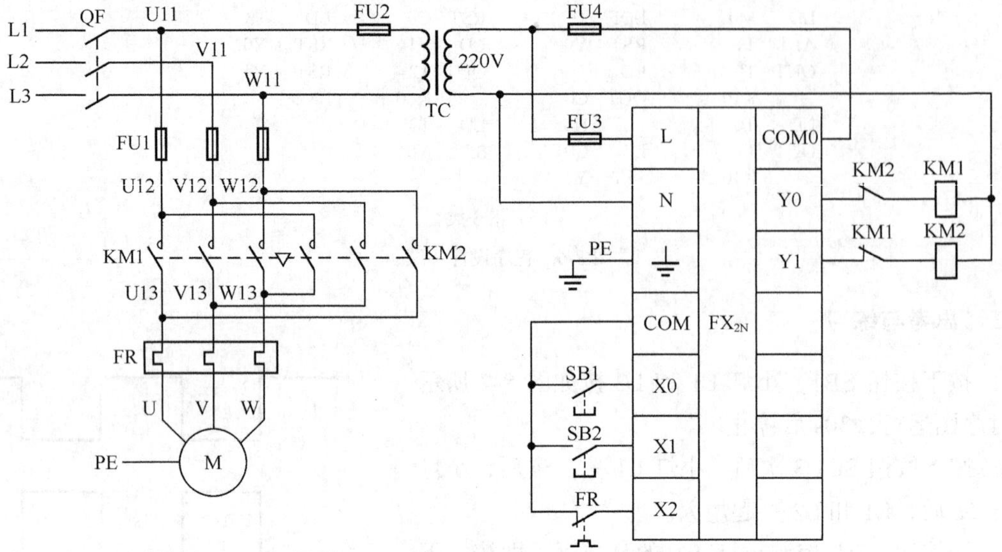

图 8-8　电动机正反转连续运行 PLC 控制电路图

6. 程序设计（见图 8-9）

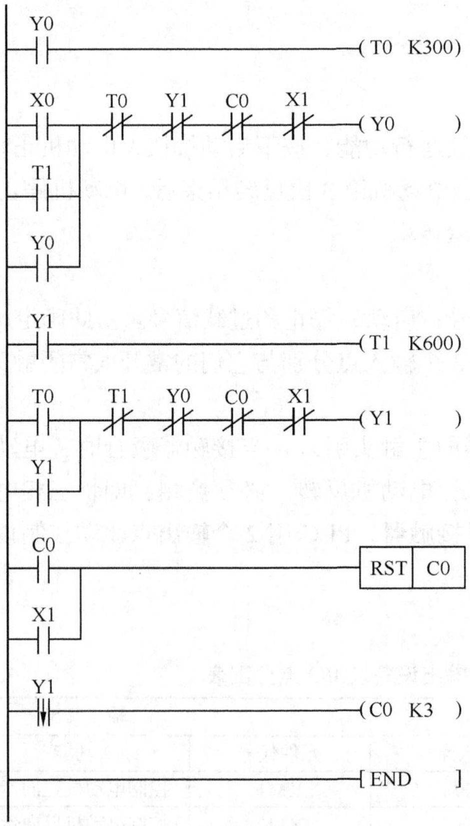

（a）梯形图

LD	Y0
OUT	T0
K	300
LD	X0
OR	T1
OR	Y0
ANI	T0
ANI	Y1
ANI	C0
ANI	X1
OUT	Y0
LD	Y1
OUT	T1
K	600
LD	T0
OR	Y1
ANI	T1
ANI	Y0
ANI	C0
ANI	X1
OUT	Y1
LD	C0
OR	X1
RST	C0
LDF	Y1
OUT	C0
K	3
END	

（b）指令表

图 8-9　程序设计

7. 程序说明

在正反转控制中，外部的硬件互锁是不能少的，因此除了在程序中存在两个输出继电器的互锁，在外部电路中还存在两个接触器之间的硬件互锁。

五、质量评价

质量评价标准如表 8-2 所示。

表 8-2　　　　　　　　　　　　　　质量评价标准

序号	主要内容	考核要求	评分标准	配分	扣分	得分
1	程序设计	根据任务，列出 PLC 控制 I/O 口，地址分配表，根据控制要求，设计 PLC 外部接线图和梯形图，根据梯形图，列出指令表	① 输入/输出地址遗漏或搞错，每处扣 1 分 ② 梯形图表达不正确或画法不规范，每处扣 2 分 ③ 接线图表达不正确或画法不规范，每处扣 2 分 ④ 指令有错，每条扣 2 分	30		
2	程序输入及调试	能正确地将所编程序输入 PLC，按照被控设备的动作要求进行模拟调试，达到设计要求	① 不会熟练操作计算机或编程器输入、修改指令扣 2 分 ② 一次模拟调试不成功扣 8 分，两次扣 15 分，三次扣 20 分	25		
3	元件安装	按图纸的要求，正确利用工具和仪表，熟练安装电气元件，元件在配电板上布置要合理，安装要准确、紧固	① 元件布置不整齐、不均匀、不合理，每只扣 2 分 ② 元件安装不牢固，安装元件时漏装螺钉，每只扣 2 分 ③ 损坏元件每只扣 5 分	10		
4	布线	要求美观、紧固、无毛刺，导线要进线槽。电源和外部设备配线、按钮接线要接到端子排上，进出线槽的导线要有端子标注	① 电动机运行正常，但未按电路图接线，扣 1 分 ② 布线不进线槽，不美观，主电路、控制电路，每根扣 1 分 ③ 接点松动，接头露铜过长、反圈、压绝缘层，标记线号不清楚、遗漏或误标，每处扣 1 分 ④ 损伤导线绝缘或线芯，每根扣 0.5 分	20		
5	团体合作精神	小组分工协作，积极参与	根据实际情况判分	5		
6	安全文明生产	正确使用设备，遵守安全用电原则，无违纪行为	根据实际情况判分	10		

项目九

交通灯控制系统

城市道路分叉路口的交通信号控制采用了PLC编程后，显得十分方便和简单。根据不同时期车流量的变化情况选择预设的各种程序，便能进行不同时间间隔开通车流进行交通管制。

一、任务目标

- 了解主控指令MC、MCR和区间复位指令ZRST的使用。
- 能进一步熟悉基本指令的使用。
- 学习编辑交通灯控制程序。

二、任务知识

（一）主控指令

1. 主控指令MC

串联公共接点的连接指令（串联公共接点后另起新母线），主控电路块的起点，用于利用公共逻辑条件控制多个线圈。梯形图与目标元件如图9-1所示。

N的取值范围：N0～N7。

2. 主控复位指令MCR

MC指令的复位指令，主控电路块的终点。梯形图与目标元件如图9-2所示。

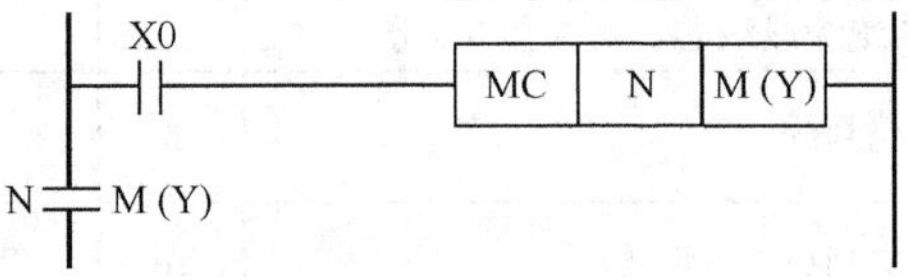

图9-1　MC指令的使用

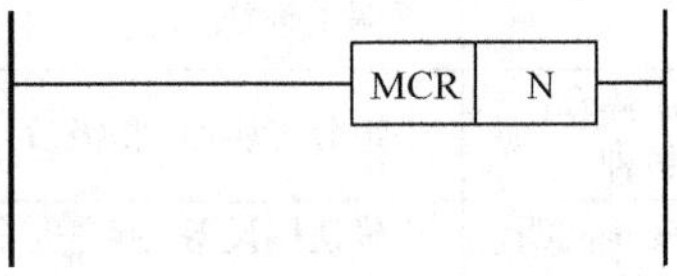

图9-2　MCR指令的使用

3. MC、MCR的注意事项

（1）输入X0接通时，执行MC与MCR之间的指令。

（2）MC指令后，母线（LD、LDI）移至MC触点之后。MC、MCR指令必须成对使用。

（3）使用不同的Y、M组件号，可多次使用MC指令。但是若使用同一软件号，将同OUT一样，会出现双线圈输出。

（4）在MC指令内再使用MC指令时，嵌套数N的编号顺次增大。返回时用MCR指令，嵌套数N的编号顺次减小，从大的嵌套级开始解除。

图9-3和图9-4所示分别为单个MC/MCR指令和MC/MCR指令嵌套使用的示例。

（二）区间复位指令ZRST

区间复位指令ZRST的格式如图9-5所示。

当ZRST指令执行时，[D1·]和[D2·]之间的所有软元件都被复位，[D1·]和[D2·]可以是T、

C、D、Y、M、S 等软元件。要注意的是，在同一个 ZRST 指令中，[D1 ·]和[D2 ·]指定的必须是同一类软元件，而且[D1 ·]指定的元件号应小于等于[D2 ·]指定的元件号。如果[D1 ·]编号 > [D2 ·]编号，则只有[D1 ·]指定的元件被复位。

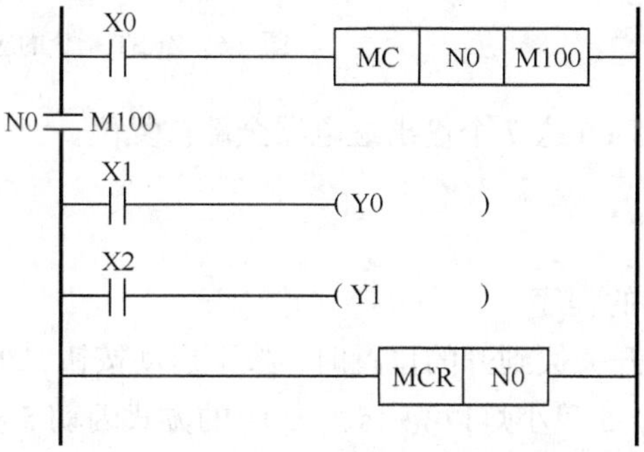


```
LD    X0
MC    N0
      M100
LD    X1
OUT   Y0
LD    X2
OUT   Y1
MCR   N0
```

图 9-3　主控指令应用示例

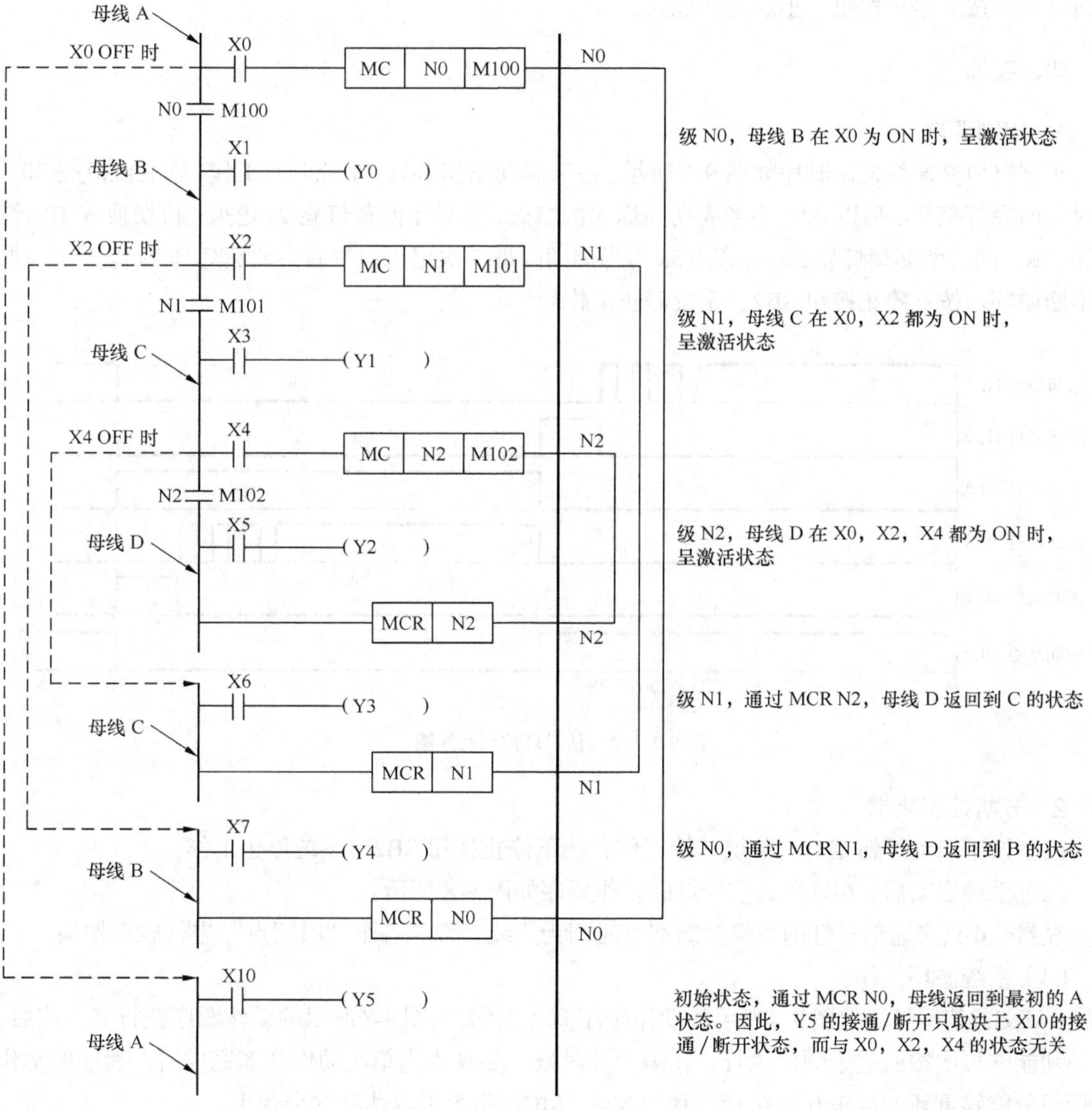

图 9-4　有嵌套时主控指令的应用示例

图 9-6 所示为 ZRST 指令的示例。

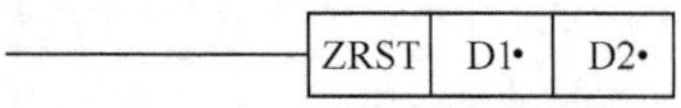

图 9-5 ZRST 指令的格式

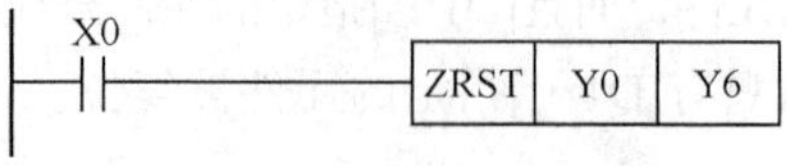

图 9-6 ZRST 指令的应用示例

当 X0 的常开触点闭合时，Y0 到 Y6 这 7 个输出继电器全部被复位。

三、思考与练习

利用主控指令编辑符合下列要求的程序

有一组小灯，共 5 只。当把选择开关拨到开的位置时，按下启动按钮，小灯以 5s 为间隔，顺序点亮，当小灯全部亮后，再过 15s，5 只小灯以亮 1s、灭 1s 的方式闪动 5 次后全部熄灭；当把选择开关拨到关的位置时，按下启动按钮，5 只小灯以亮 1s，灭 5s 的方式闪动 10 次后全部熄灭。任何时刻，按下停止按钮，小灯全部熄灭。

四、实训

1. 控制要求

十字路口交通灯控制时序如图 9-7 所示。按下启动按钮 SB1，系统开始工作，南北红灯亮 30s，同时东西绿灯亮 25s 后以 0.5s 为半周期闪烁 3 次熄灭，然后东西黄灯亮 2s 熄灭；再切换成东西红灯亮 30s，同时南北绿灯亮 25s 后以 0.5s 为半周期闪烁 3 次熄灭，然后南北黄灯亮 2s 熄灭……如此不断循环。按下停止按钮 SB2，系统停止工作。

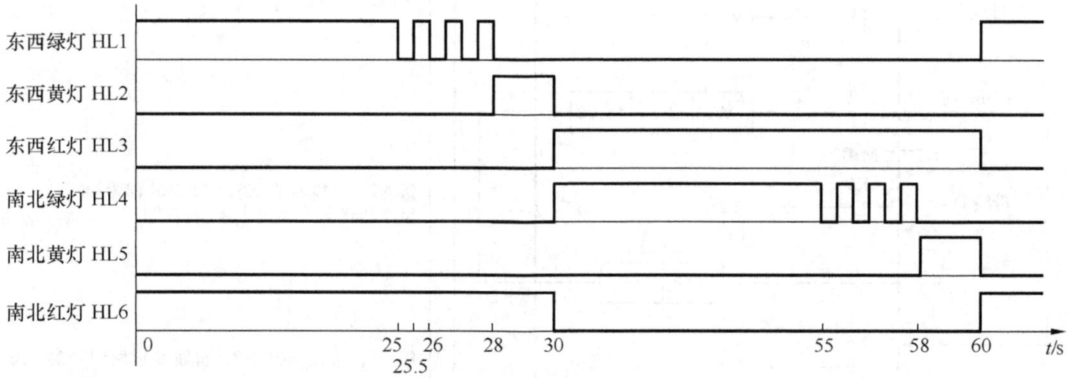

图 9-7 交通信号灯控制时序图

2. 分析控制要求

（1）按下启动按钮 SB1，系统开始工作，按下停止按钮 SB2，系统停止工作。

（2）系统启动后，6 只交通信号灯的动作顺序如图 9-8 所示。

显然，6 只交通信号灯的逻辑控制都以时间为主线，都在各个“时间点”进行状态切换。

（3）系统循环工作。

6 只交通信号灯按照图 9-8 所示的动作顺序循环工作，当图 9-8 所示的动作顺序执行完一遍后，还必须能够再次按照这个顺序执行。在编程的时候，表现为当单次动作全部完成后，程序的动作执行部分能够重新的从头开始执行，利用 MC、MCR 指令可以达到这个效果。

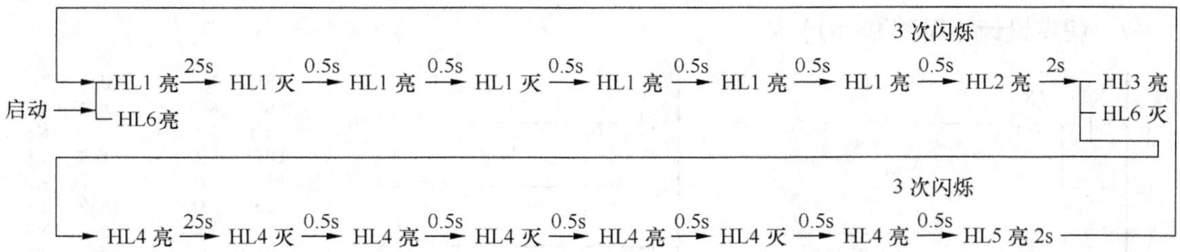

图 9-8　交通灯动作顺序

3. 确定输入设备

系统的输入设备有 2 只按钮，PLC 需要用 2 个输入点分别与它们的常开触头相连。

4. 确定输出设备

系统的输出设备有东西、南北方向信号灯各 3 只，PLC 需要 6 个输出点分别驱动它们。

5. I/O 点分配（见表 9-1）

表 9-1　　输入/输出设备及 I/O 点分配表

输　入			输　出		
元件代号	功能	输入点	元件代号	功能	输出点
SB1	系统启动	X0	HL1	东西绿灯	Y0
			HL2	东西黄灯	Y1
			HL3	东西红灯	Y2
SB2	系统停止	X1	HL4	南北绿灯	Y3
			HL5	南北黄灯	Y4
			HL6	南北红灯	Y5

6. 系统线路图（见图 9-9）

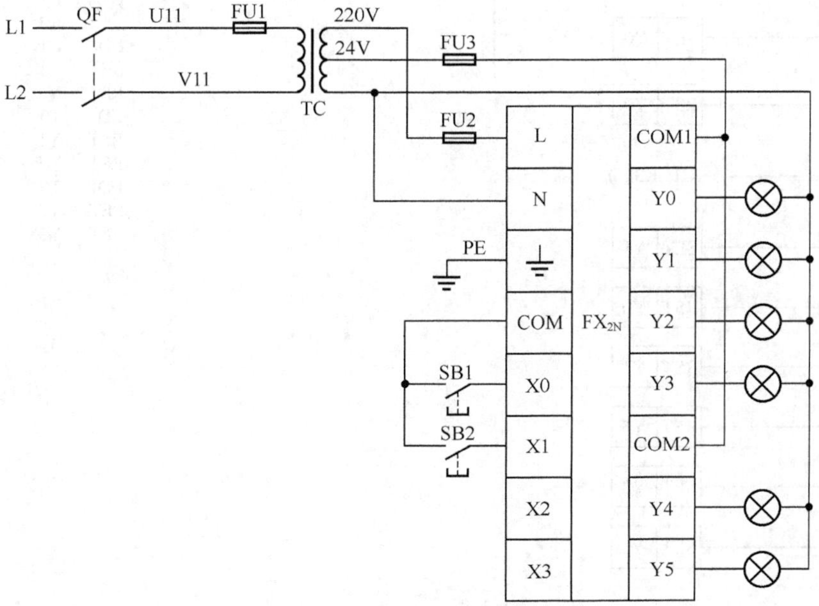

图 9-9　交通灯控制系统电路图

7. 程序设计（见图 9-10）

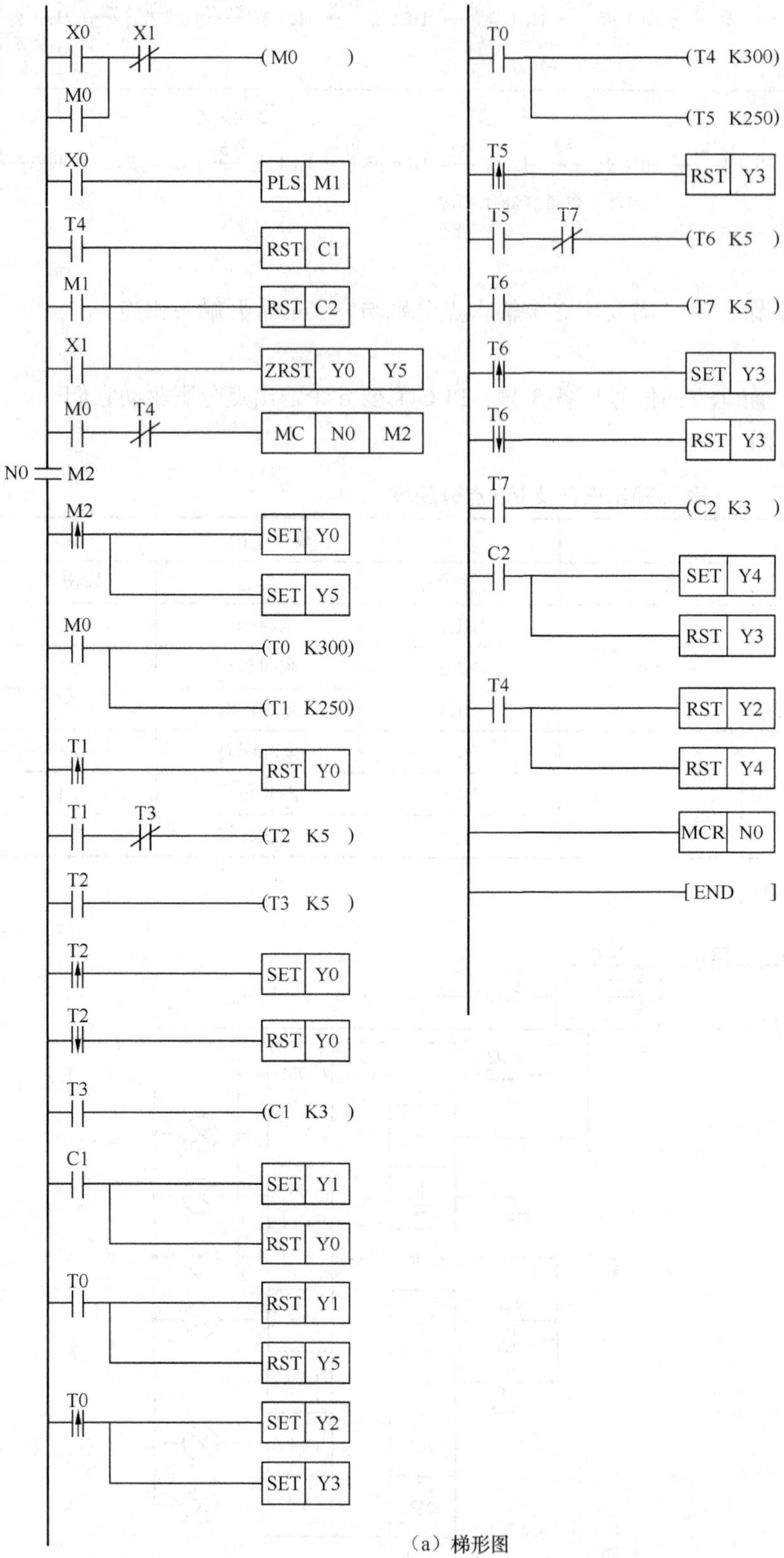

（a）梯形图

LD	X0	LD	T0
OR	M0	OUT	T4
ANI	X1		K300
OUT	M0	OUT	T5
LD	X0		K250
PLS	M1	LDP	T5
LD	T4	RST	Y3
OR	M1	LD	T5
OR	X1	ANI	T7
RST	C1	OUT	T6
RST	C2		K5
ZRST	Y0	LD	Y6
	Y5	OUT	T7
LD	M0		K5
ANI	T4	LDP	T6
MC	N0	SET	Y3
	M2	LDF	T6
LDP	M2	RST	Y3
SET	Y0	LD	T7
SET	Y5	OUT	C2
LD	M0		K3
OUT	T0	LD	C2
	K300	SET	Y4
OUT	T1	RST	Y3
	K250	LD	T4
LDP	T1	RST	Y2
RST	Y0	RST	Y4
LD	T1	MCR	N0
ANI	T3	END	
OUT	T2		
	K5		
LD	T2		
OUT	T3		
	K5		
LDP	T2		
SET	Y0		
LDF	T2		
RST	Y0		
LD	T3		
OUT	C1		
	K3		
LD	C1		
SET	Y1		
RST	Y0		
LD	T0		
RST	Y1		
RST	Y5		
LDP	T0		
SET	Y2		
SET	Y3		

（b）指令表

图 9-10　程序设计

8. 程序说明

（1）启动与停止。

按下启动按钮 SB1，X0 动作，M0 动作且保持，MC 指令的执行条件成立，PLC 执行 MC 与 MCR 之间的程序，系统启动。按下停止按钮，X1 动作，M0 复位，MC 指令的执行条件不成立，PLC 停止执行 MC 与 MCR 之间的程序，系统停止工作。

（2）“时间点”的建立。

程序的设计采用了顺序控制的编程方法，各定时器的动作过程如图 9-11 所示。

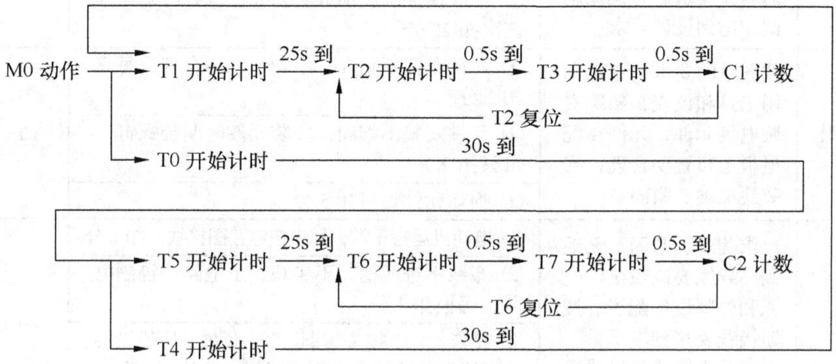

图 9-11　定时器、计数器动作顺序图

（3）输出驱动，如表 9-2 所示。

表 9-2　**输出驱动表**

交通信号灯	接通时间点	断开时间点
东西绿灯 Y0	启动 M0、T2 计时 0.5s 到	T1 计时 25S 到，T3 计时 0.5s 到、C1 计数 3 次到
东西黄灯 Y1	C1 计数 3 次到	T0 计时 30s 到
东西红灯 Y2	T0 计时 30s 到	T4 计时 30s 到
南北绿灯 Y3	T0 计时 30s 到、T6 计时 0.5s 到	T5 计时 25s 到，T7 计时 0.5s 到、C2 计数 3 次到
南北黄灯 Y4	C2 计数 3 次到	T4 计时 30s 到
南北红灯 Y5	启动 M0	T0 计时 30s 到

（4）计数器复位。

按下启动按钮时，M1 的上升沿对计数器进行复位；按下停止按钮时，X1 动作对计数器进行复位；6 个信号灯的每一次动作循环结束时，T4 动作对计数器进行复位。

（5）循环工作控制。

一次循环结束，T4 将 C1 和 C2 都复位；之后，T4 的常闭点断开，MC 指令的执行条件不成立，PLC 不执行 MC 和 MCR 之间的程序，且 MC 和 MCR 之间的所有输出继电器和定时器全部复位。一个扫描周期后，T4 的常闭点闭合，MC 指令的执行条件成立，PLC 重新开始执行 MC 和 MCR 之间的程序，又一个循环开始。

五、质量评价

质量评价标准如表 9-3 所示。

表 9-3　　　　质量评价标准

序号	主要内容	考核要求	评分标准	配分	扣分	得分
1	程序设计	根据任务，列出 PLC 控制 I/O 口，地址分配表，根据控制要求，设计 PLC 外部接线图和梯形图，根据梯形图，列出指令表	① 输入/输出地址遗漏或搞错，每处扣 1 分 ② 梯形图表达不正确或画法不规范，每处扣 2 分 ③ 接线图表达不正确或画法不规范，每处扣 2 分 ④ 指令有错，每条扣 2 分	30		
2	程序输入及调试	能正确地将所编程序输入 PLC，按照被控设备的动作要求进行模拟调试，达到设计要求	① 不会熟练操作计算机或编程器输入、修改指令扣 2 分 ② 一次模拟调试不成功扣 8 分，两次扣 15 分，三次扣 20 分	25		
3	元件安装	按图纸的要求，正确利用工具和仪表，熟练安装电气元件，元件在配电板上布置要合理，安装要准确、紧固	① 元件布置不整齐、不均匀、不合理，每只扣 2 分 ② 元件安装不牢固，安装元件时漏装螺钉，每只扣 2 分 ③ 损坏元件每只扣 5 分	10		
4	布线	要求美观、紧固、无毛刺，导线要进线槽。电源和外部设备配线、按钮接线要接到端子排上，进出线槽的导线要有端子标注	① 电动机运行正常，但未按电路图接线，扣 1 分 ② 布线不进线槽，不美观，主电路、控制电路，每根扣 1 分 ③ 接点松动，接头露铜过长、反圈、压绝缘层，标记线号不清楚、遗漏或误标，每处扣 1 分 ④ 损伤导线绝缘或线芯，每根扣 0.5 分	20		
5	团体合作精神	小组分工协作，积极参与	根据实际情况判分	5		
6	安全文明生产	正确使用设备，遵守安全用电原则，无违纪行为	根据实际情况判分	10		

项目十

物料运送小车自动运行控制

对于生产过程控制的重复性动作操作，采用步进指令进行 PLC 编程，能够带来极大的方便。而且能够克服普通指令编程不允许的双线圈驱动限制，对有些连锁设置也可以省略。

一、任务目标

- 了解 FX 系列 PLC 的状态转移图的概念和构成方法。
- 了解 FX 系列 PLC 的步进指令使用。
- 学习将状态转移图转变为梯形图。
- 进一步熟悉 PLC 程序的安装接线和系统调试。
- 能画出送料小车系统的状态转移图并转变为程序。
- 能够熟练输入程序并调试。

二、任务知识

（一）什么是状态转移图

状态转移图是一种将复杂的任务或工作过程分解成若干工序（或状态）表达出来，同时又反映出工序（或状态）的转移条件和方向的图。既有工艺流程图的直观，又有利于复杂控制逻辑关系的分解与综合的特点。

状态编程法是将一个复杂的顺序控制过程分解为若干个工作状态，弄清各工作状态的转移条件和方向，形成状态转移图，进而转换为梯形图或语句表的一种程序编制方法。

（二）状态转移图的建立

1. 状态转移图的构成

状态转移图表达的控制意图，也称顺序功能图（SFC 图）。它将一个复杂的顺序控制过程分解为若干个状态，每个状态具有不同的动作，状态与状态之间由转移条件分隔，互不影响。当相邻两状态之间的转移条件得到满足时，就实现转移，即上面状态的动作结束而下一次状态的动作开始。

状态元件是构成状态转移图的基本元素，是 PLC 的软元件之一。FX 系列 PLC 有 1000 个状态元件，符号为 S。

S0 ~ S9 共 10 点，初始状态元件，是状态转移图的起始状态。

S10 ~ S19 共 10 点，返回状态元件，用作返回原点的状态。

S20 ~ S499 共 480 点，通用状态元件，用作状态转移图的中间状态。

S500 ~ S899 共 400 点，保持状态元件，具有掉电保持功能的通用状态元件。

S900 ~ S999 共 100 点，报警用状态器，用作报警元件使用。

状态转移图的构成，如图 10-1 所示。

程序开始，应进行初始的启动，使 S0 有效，相应执行 RST Y1 语句；当转换条件 X0 动作（为 ON），状态由 S0 转移到 S20，Y0、Y1 接通，S0 状态自动切断；当转换条件 X1 动作，状态由 S20 转移到 S21，

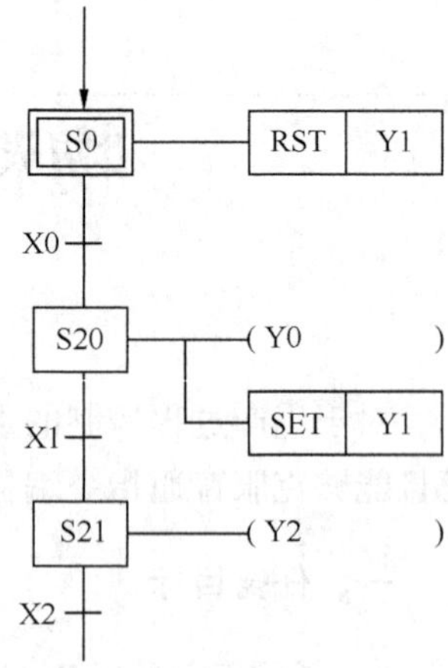

图 10-1　状态转移图的基本结构

Y0 断开，Y2 接通；当转换条件 X2 动作，S21 状态转移到下面状态……

在状态转移图构成时，应注意以下几点。

（1）转移元件序号从小到大，不能颠倒，但可缺号。

（2）状态结束由顺控程序转移后自动复位。

（3）某状态激活后，其后梯形图输出驱动分支次序为：先直接驱动，再条件驱动，最后为转移条件驱动。

（4）在某个状态内如采用 OUT 输出指令，当状态转移后，停止执行，但采用 SET 指令时，当状态转移后，继续执行，直到遇 RST 指令，停止执行；如果计数器 C 输出，同样只能用 RST 指令复位。

（5）可存在双线圈，即在不同状态下，对同一元件，多次执行 OUT 指令，如在不同状态下，多次出现 OUT Y0 等，但在相邻的两个状态内不能使用同一个定时器。

2. 步进指令简述

状态转移图建立后，需转换为梯形图或指令表才能输入 PLC 进行运行，在 FX 系列 PLC 中存在专门构建状态转移图的步进指令。介绍如下。

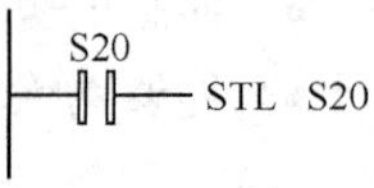

STL 指令：步进开始指令。从主母线上引出状态接点，建立子母线，激活某个状态，其后用 LD、LDI 指令连接，操作元件：S。

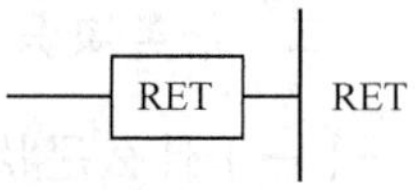

RET 指令：步进结束指令。步进顺控程序执行完毕，返回主母线。在每条步进指令后面，不必都加一条 RET 指令，只需一系列步进指令的最后接一条 RET 指令，但必须有 RET 指令。

例 10-1　步进指令应用。请将如图 10-2 所示程序输入 PLC，并依次按下 X0、X1、X2，观察 Y0、Y1 的变化。

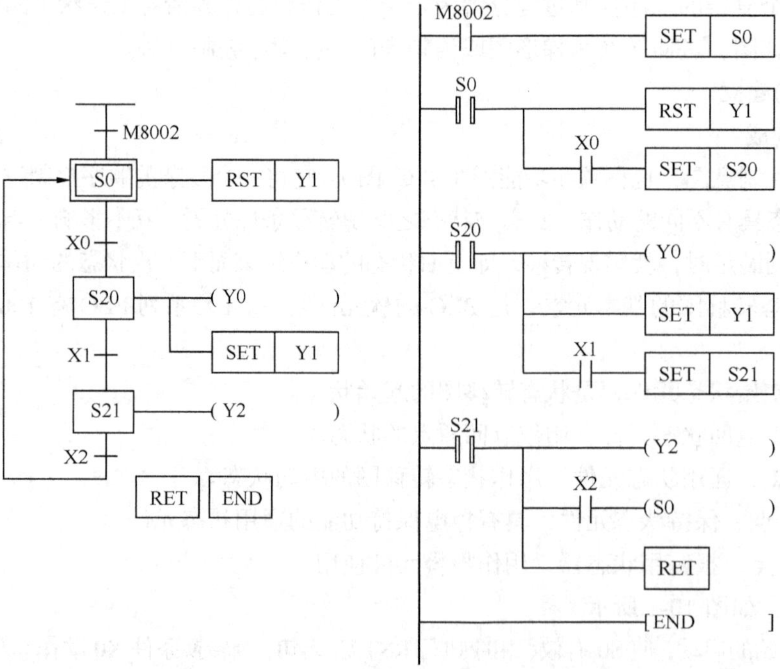


```
LD    M8002
SET   S0
STL   S0
RST   Y1
LD    X0
SET   S20
STL   S20
OUT   Y0
SET   Y1
LD    X1
SET   S21
STL   S21
OUT   Y2
LD    X2
OUT   S0
RET
END
```

图 10-2　步进指令应用说明

步进指令应用说明：如图 10-2 所示，PLC 开始运行时，M8002 闭合瞬间，将 S0 置位，立即执行 S0 状态内的指令；复位 Y1，当转移条件 X0 动作（为 ON），状态由 S0 转移到 S20，S0 状态自动复位，同时，接通 Y0、置位 Y1；当转移条件 X1 动作，S20 状态转移 S21 状态，S20 状态自动复位，Y0 断开，Y1 继续保持得电，同时，接通 Y2；当转移条件 X2 满足时，用 OUT S0 接通 S0（也可以用 SET S0），程序又返回 S0 状态，如此重复执行。要注重的是，步进触点之后的程序块中不允许使用主控 MC/MCR 指令。

注意

采用 GX 软件编程时，所出现的梯形图画面与图 10-2 所示的梯形图略有不同，希望读者注意。

状态转移图转换为梯形图和语句表是状态编程法的基本保证，如果转换错误，则原来状态转移图所表达的程序意图就达不到要求或造成程序出错，但转换过程并不难。记住一些规则，关注如何进入初始状态；状态接点后为子母线，其后用 LD、LDI 指令连接；如何表达转移条件；最后如何进行转移；RET 不应漏等。

三、思考与练习

1. 对本项目中的物料运送小车自动运行控制程序进行优化，要求：

（1）运料小车电动机要求有过载保护（取热继电器的常闭触点）；

（2）当遇到紧急情况时，按下急停按钮，系统马上停止运行，回到初始状态。

2. 用步进指令完成项目九中的交通灯控制程序。

四、实训

1. 控制要求

如图 10-3 所示，某小车运料系统，用 PLC 实现其控制要求。

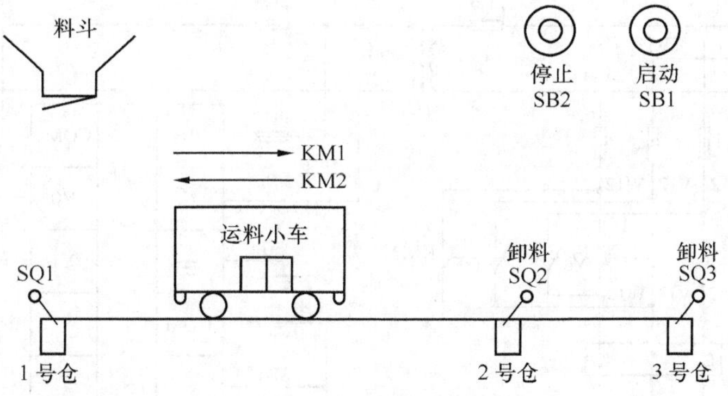

图 10-3　小车运料系统说明

（1）启动按钮 SB1 用来开启运料小车。

（2）停止按钮 SB2 用来停止运料小车。

（3）工作流程如下。

① 按 SB1 启动按钮，小车在 1 号仓停留（装料）10s 后，第一次由 1 号仓送料到 2 号仓碰限位开关 SQ2 后，停留（卸料）5s，然后空车返回到 1 号仓碰限位开关 SQ1 停留（装料）10s。

② 小车第二次由 1 号仓送料到 3 号仓，经过限位开关 SQ2 不停留，继续向前，当到达 3 号

仓碰限位开关 SQ3 停留（卸料）8s，然后空车返回 1 号仓碰限位开关 SQ1 停留（装料）10s。

③ 然后再重新上述工作过程。

④ 要求小车运料循环三次后停止，当途中按下停止按钮，等小车回到 1 号仓位置时才停止。

2. 分析控制要求

对于运料系统的编程，采用状态编程法，使程序结构明显，很好的反映工艺过程。本系统在编程上主要的难点在于工作流程的第二项：当小车由 1 号仓送料到 3 号仓时，经过限位开关 SQ2 不停留。此时必须把 SQ2 的信号屏蔽掉。利用步进指令可以实现这种功能。

3. 确定输入设备

根据系统的要求，系统有 5 个输入信号：启动、停止、行程开关 SQ1、SQ2、SQ3。

由此确定，系统的输入设备有 2 只按钮和 3 只行程开关，PLC 需要用 5 个输入点分别与它们的常开触点相连。

4. 确定输出设备

由于小车需要正向或反向运行，控制小车的电动机需要能正反转，因此系统需要用 2 个输出点控制 2 个接触器。

5. I/O 点分配（见表 10-1）

表 10-1　　输入/输出设备及 I/O 点分配表

输入			输出		
元件代号	功能	输入点	元件代号	功能	输出点
SB1	启动	X0	KM1	向前接触器	Y0
SB2	停止	X1	KM2	向后接触器	Y1
SQ1	1 号仓限位	X2			
SQ2	2 号仓限位	X3			
SQ3	3 号仓限位	X4			

6. 系统线路图（见图 10-4）

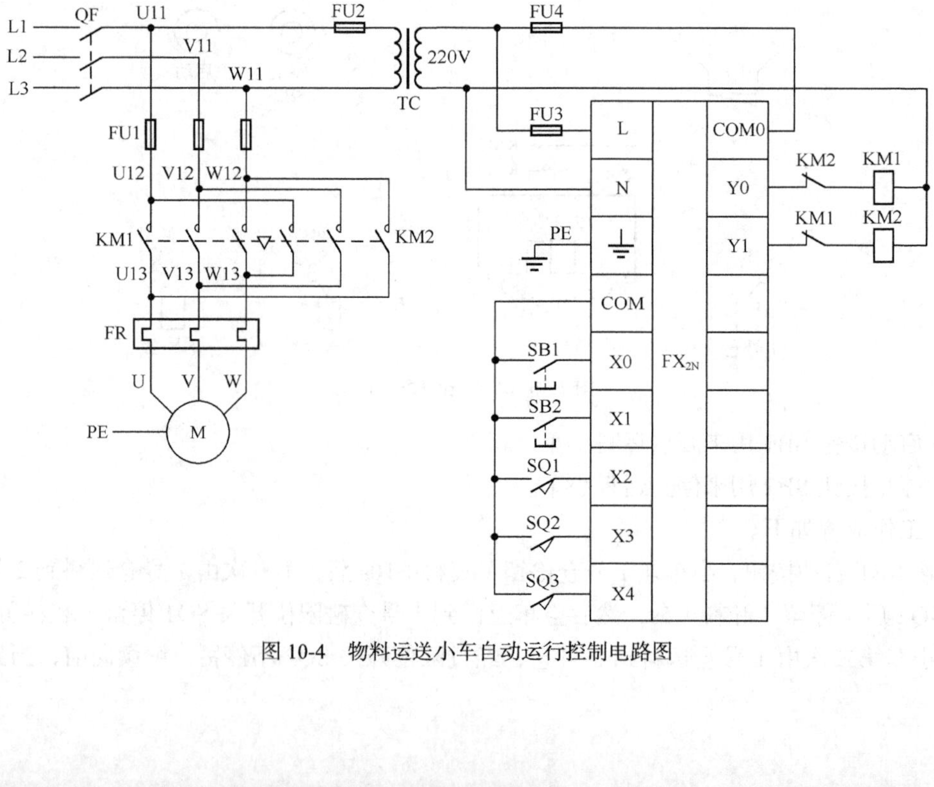

图 10-4　物料运送小车自动运行控制电路图

7. 程序设计

(1) 画出状态转移图，如图 10-5 所示。

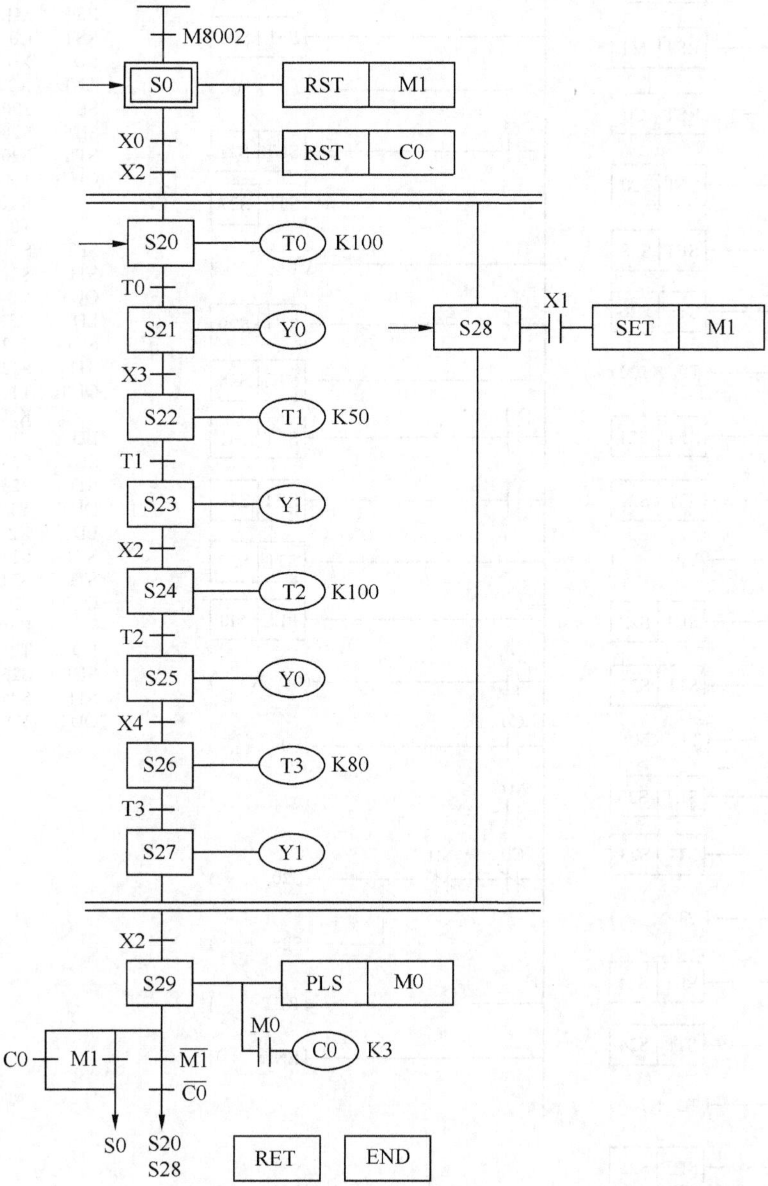

图 10-5 状态转移图

(2) 由状态转移图得到程序，如图 10-6 所示。

8. 程序说明

在程序中，S20～S27 为小车正常运行的步骤；S28 状态中，如果 X1 动作，则 M1 置位，当 X2 动作，即小车回到 1 号仓位置时，程序才会进入等待状态，小车停止运行。

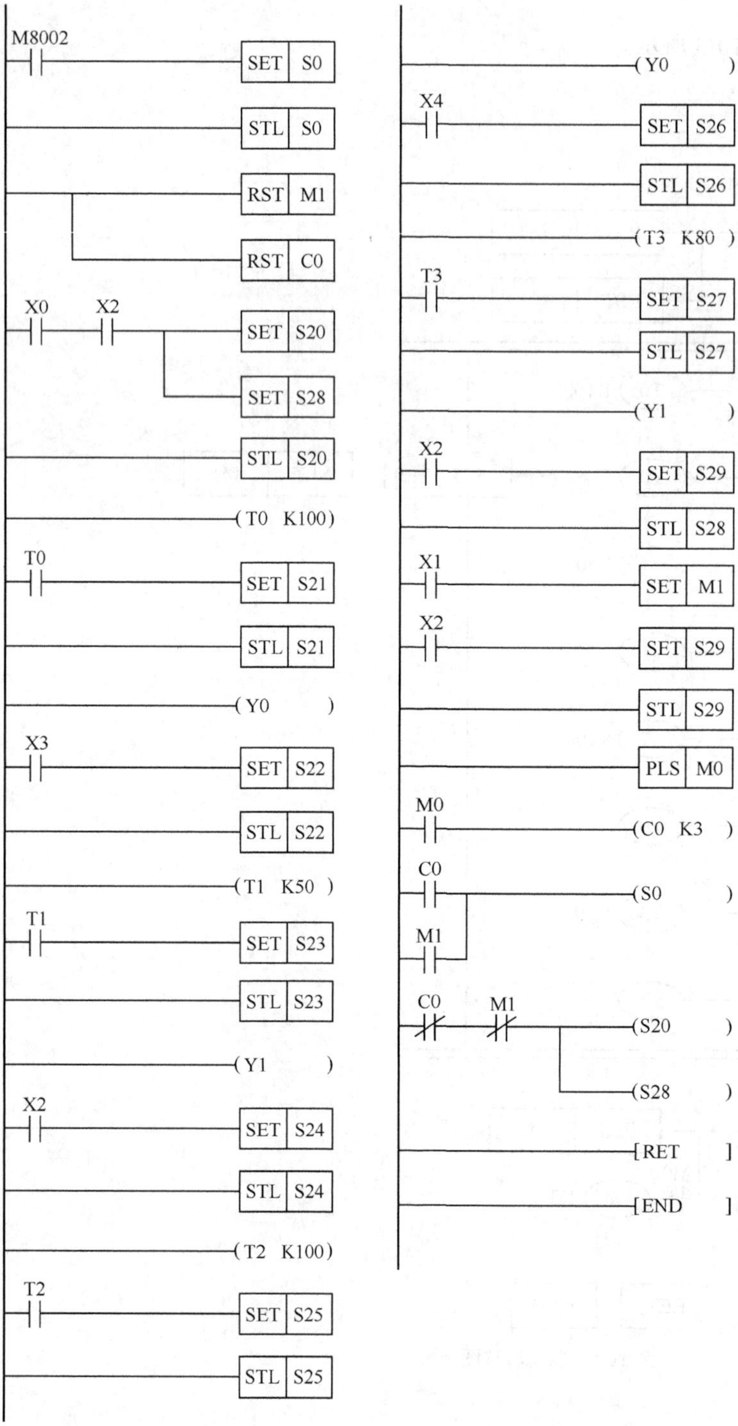

（a）梯形图

LD	M8002	LD	X4
SET	S0	SET	S26
STL	S0	STL	S26
RST	M1	OUT	T3
RST	C0		K80
LD	X0	LD	T3
AND	X2	SET	S27
SET	S20	STL	S27
SET	S28	OUT	Y1
STL	S20	LD	X2
OUT	T0	SET	S29
	K100	STL	S28
LD	T0	LD	X1
SET	S21	SET	M1
STL	S21	LD	X2
OUT	Y0	SET	S29
LD	X3	STL	S29
SET	S22	PLS	M0
STL	S22	LD	M0
OUT	T1	OUT	C0
	K50		K3
LD	T1	LD	C0
SET	S23	OR	M1
STL	S23	OUT	S0
OUT	Y1	LDI	C0
LD	X2	ANI	M1
SET	S24	OUT	S20
STL	S24	OUT	S28
OUT	T2	RET	
	K100	END	
LD	T2		
SET	S25		
STL	S25		
OUT	Y0		

（b）指令表

图 10-6　程序设计

五、质量评价

质量评价标准如表 10-2 所示。

表 10-2　　　　质量评价标准

序号	主要内容	考核要求	评分标准	配分	扣分	得分
1	程序设计	根据任务，列出 PLC 控制 I/O 口，地址分配表，根据控制要求，设计 PLC 外部接线图和梯形图，根据梯形图，列出指令表	① 输入/输出地址遗漏或搞错，每处扣 1 分 ② 梯形图表达不正确或画法不规范，每处扣 2 分 ③ 接线图表达不正确或画法不规范，每处扣 2 分 ④ 指令有错，每条扣 2 分	30		
2	程序输入及调试	能正确地将所编程序输入 PLC，按照被控设备的动作要求进行模拟调试，达到设计要求	① 不会熟练操作计算机或编程器输入、修改指令扣 2 分 ② 一次模拟调试不成功扣 8 分，两次扣 15 分，三次扣 20 分	25		
3	元件安装	按图纸的要求，正确利用工具和仪表，熟练安装电气元件，元件在配电板上布置要合理，安装要准确、紧固	① 元件布置不整齐、不均匀、不合理，每只扣 2 分 ② 元件安装不牢固，安装元件时漏装螺钉，每只扣 2 分 ③ 损坏元件每只扣 5 分	10		
4	布线	要求美观、紧固、无毛刺，导线要进线槽。电源和外部设备配线、按钮接线要接到端子排上，进出线槽的导线要有端子标注	① 电动机运行正常，但未按电路图接线，扣 1 分 ② 布线不进线槽，不美观，主电路、控制电路，每根扣 1 分 ③ 接点松动，接头露铜过长、反圈、压绝缘层，标记线号不清楚、遗漏或误标，每处扣 1 分 ④ 损伤导线绝缘或线芯，每根扣 0.5 分	20		
5	团体合作精神	小组分工协作，积极参与	根据实际情况判分	5		
6	安全文明生产	正确使用设备，遵守安全用电原则，无违纪行为	根据实际情况判分	10		

项目十一

大小球分类传送控制

在工农业生产过程控制中，某些环节需要进行自动的分类处理工序，比如：农产品的清洗后，按照大小不同进行分类包装等，就需要 PLC 设计大小球分类传送控制程序。

一、任务目标

- 进一步熟悉步进指令的使用。
- 进一步熟悉状态流程图的结构。
- 能够编辑大小球分类传送控制程序。

二、任务知识

（一）选择性分支和汇合的编程

选择性分支与对一般状态的编程一样，先进行驱动处理，然后设置转移条件，编程时要由左至右逐个编程，如图 11-1 所示。

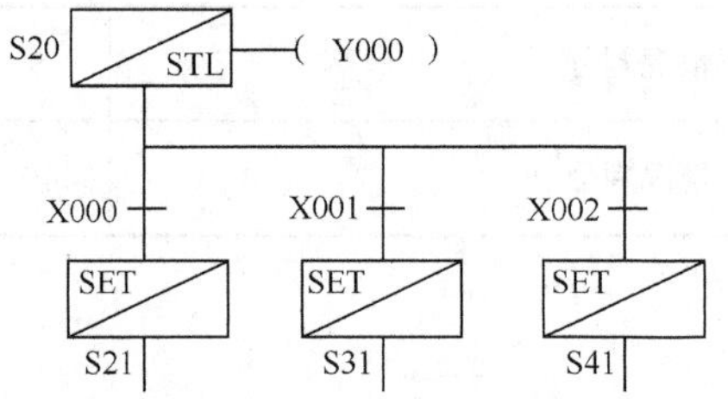


```
STL   S20
OUT   Y000   —驱动处理
LD    X000
SET   S21    —直接转移到下面的状态
LD    X001
SET   S31    —转移到第一分支状态
LD    X002
SET   S41    —转移到第二分支状态
```

图 11-1　复位处理程序

选择性汇合先进行汇合前状态的输出处理，然后朝汇合状态转移，此后由左至右进行汇合转移。这是为了自动生成 SFC 画面而追加的规则，如图 11-2 所示。特别注意：分支、汇合的转移处理程序中，不能用 MPS、MRD、MPP、ANB、ORB 指令。

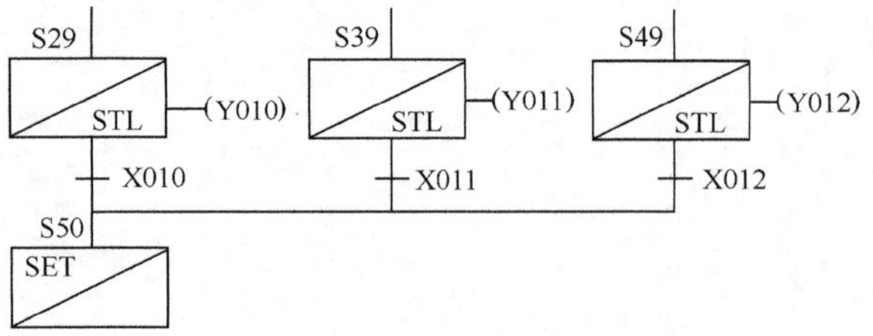


```
STL S29
OUT Y010 —驱动处理
  ~
STL S39
OUT Y011 —驱动处理
  ~
STL S49
OUT Y012 —驱动处理

STL S49
LD  X010
SET S50   向下一状态转移
STL S39
LD  X011
SET S50   转移到第一汇合点
STL S49
LD  X012
SET S50   转移到第二汇合点
```

图 11-2　选择性汇合编程

（二）并行分支和汇合的编程

并行分支与对一般状态编程一样，先进行驱动处理，然后进行转移处理。转移的处理要从左到右依次进行，如图 11-3 所示。

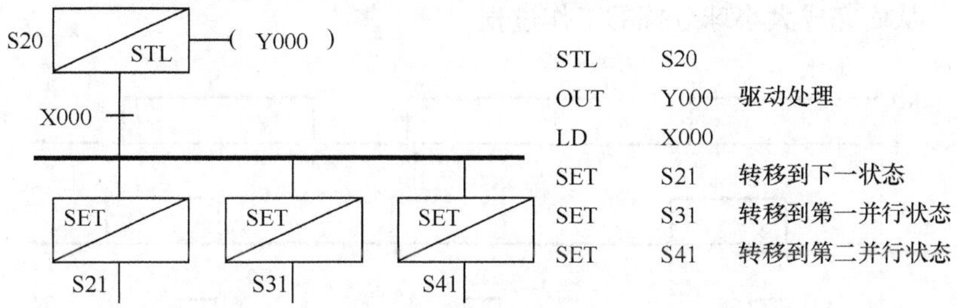

图 11-3 并行分支编程

并行汇合前先对各状态的输出处理分别编程，然后从左到右进行汇合处理，如图 11-4 所示。

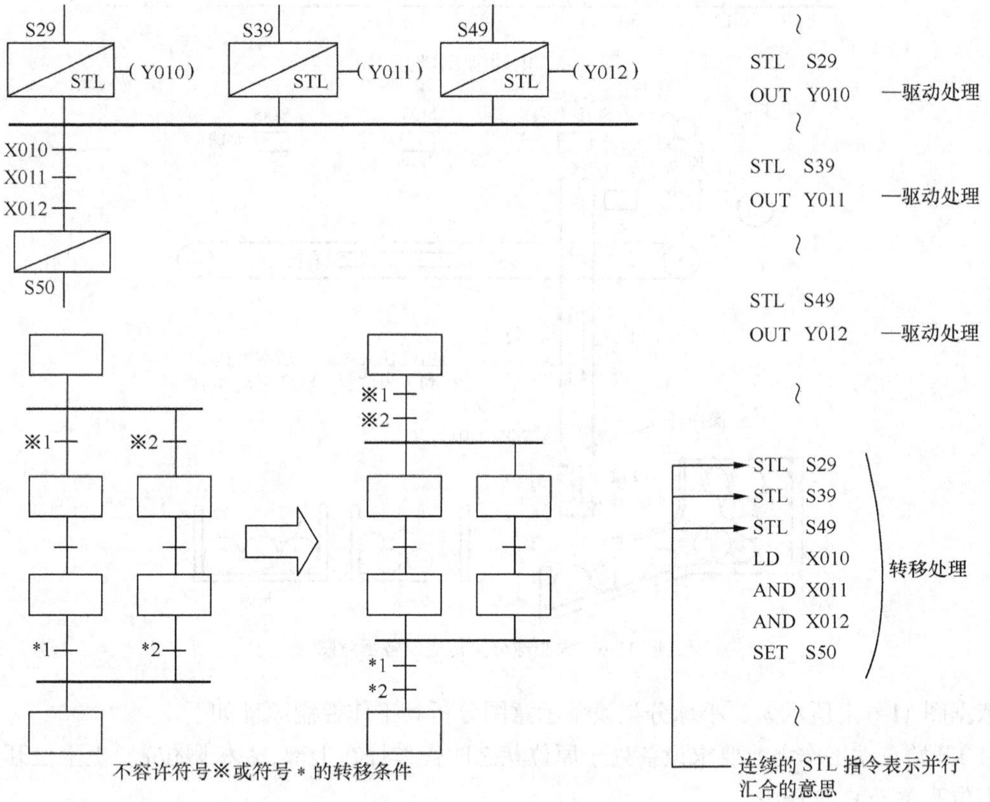

图 11-4 并行汇合编程

三、思考与练习

用 PLC 控制 4 台电动机，其控制要求如下。

4 台电动机的动作时序如图 11-5 所示，系统的动作周期是 34s。系统启动后，M1 先启动，工作 24s 停止；M2 在 10s 后启动，工作 26s 停止；M3 也是 10s 后启动，工作 5s 停止；M4 则是 15s 后启动，工作 15s 停止。一个周期后，系统自动循环工作。

四、实训

1. 控制要求

大小球分类传送设备示意图如图 11-6 所示。电动机驱动操作杆带动吸盘上下移动，完成取球和放球动作。通过行程开关 SQ2 通断状态判别大小球，由电动机驱动操作杆左右移动，将大小球送往指定位置，从而完成大小球分拣的工作过程。

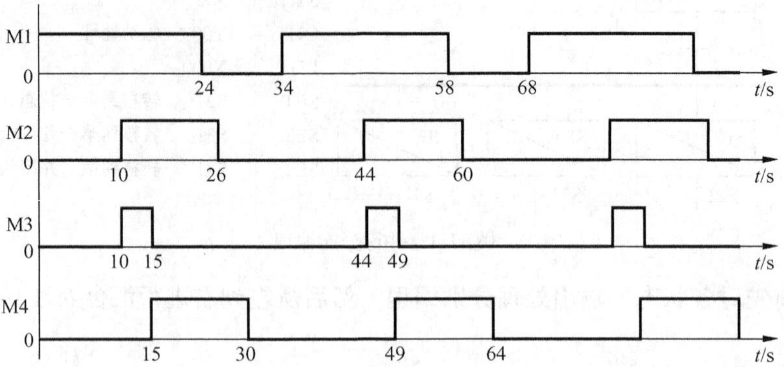

图 11-5　电动机工作时序图

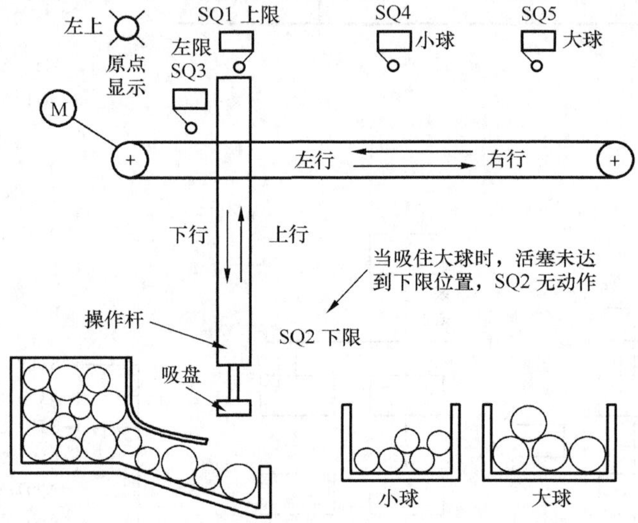

图 11-6　大小球分类传送设备示意图

依据图 11-6 上所示大、小球分类设备示意图分析其工作控制原理如下。

(1)开始自动工作之前要求设备处于原位状态时操作杆在上部，左极限位置、上限位开关 SQ1 和左限位开关 SQ3 被压下。

(2)启动自动循环工作后，操作杆下行 2s。此时，若碰到的是大球，检测开关 SQ2 仍为断开状态，若碰到的是小球，检测开关 SQ2 则为闭合状态，从而将大、小球状态转换成开关检测信号。

(3)接通控制吸盘的电磁阀 YV 线圈，吸取球。

(4)当吸盘吸起小球后，操作杆上行，碰到上限位开关 SQ3 后，操作杆右行；碰到小球存放位置右限位开关 SQ4 后转为下行，碰到下限位开关 SQ2 后，将小球释放到小球箱，然后返回到原位。

(5)当吸盘吸起大球后，操作杆上行，碰到上限位开关 SQ3 后，操作杆右行；碰到大球存放位置右限位开关 SQ5 后，将大球释放到大球箱，然后返回到原位。

整个工作过程如图 11-7 所示。

2. 分析控制要求

根据步进状态编程的思想，首先将系统的工作过程进行分解，其流程如图 11-8 所示。

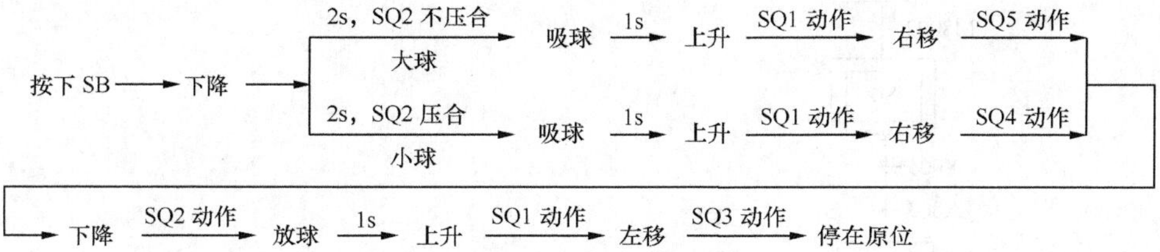

图 11-7　工作过程

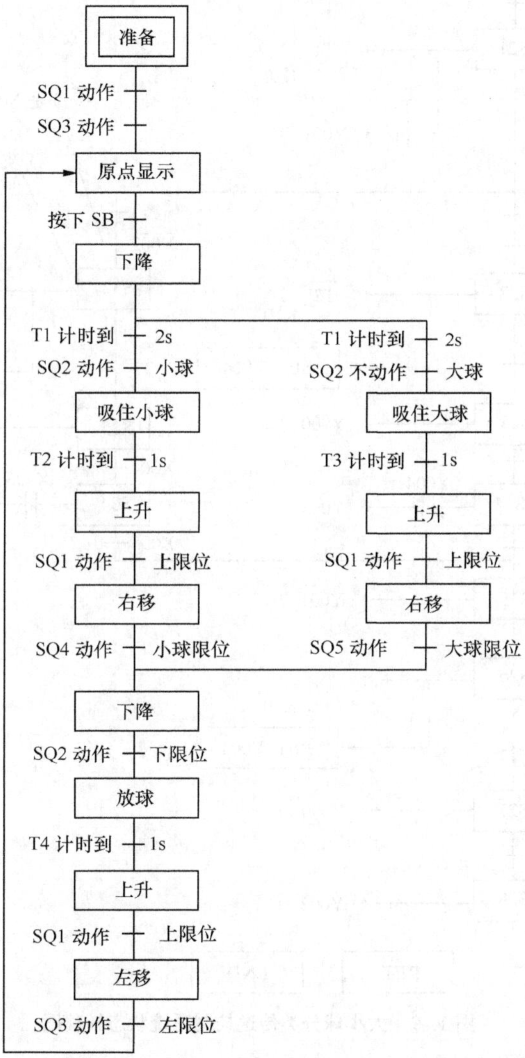

图 11-8　大小球分类传送控制系统工作流程图

图 11-8 可转换成如图 11-9 所示的状态转移图。

图 11-9 所示为选择性分支状态转移图，它具有以下 3 个特点。

（1）状态转移图有两个或两个以上分支。分支 A 为小球传送控制流程，分支 B 为大球传送控制流程。

（2）S21 为分支状态。S21 状态是分支流程的起点，称其为分支状态。

在分支状态 S21 下，系统根据不同的转移条件，选择执行不同的分支，但不能同时成立，只能有一个为 ON。若 X002 已动作，当 Tl 动作时，执行分支 A；若 X002 未动作，Tl 动作时，执行分支 B。

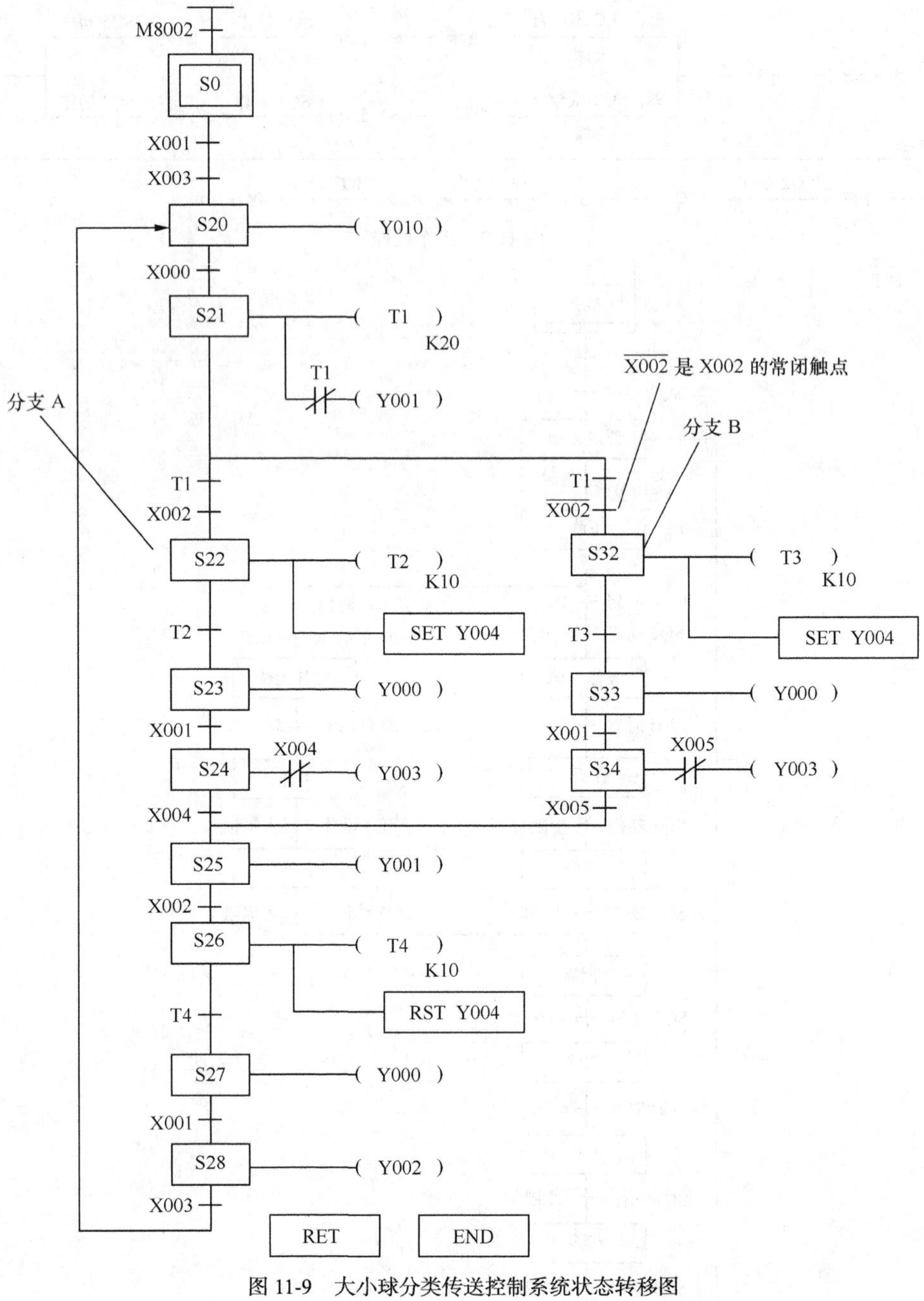

图 11-9　大小球分类传送控制系统状态转移图

（3）S25 为汇合状态。S25 状态是分支流程的汇合点，称其为汇合状态。汇合状态 S25 可以由 S24、S34 中的任一状态驱动。

3. 确定输入设备

系统的输入设备有 5 个行程开关和一只按钮，PLC 需用 6 个输入点分别和它们的常开触头相连。

4. 确定输出设备

系统由电动机 M1 拖动分拣臂左移或右移，电动机 M2 拖动分拣臂上升或下降，电磁铁 YV 吸、放球，原点到位由指示灯 HL 显示。由此确定，系统的输出设备有 4 只接触器、一只电磁铁和一只指示灯，PLC 需用 6 个输出点分别驱动控制两台电动机正反转的接触器线圈、电磁铁和指示灯。

5. I/O 点分配（见表 11-1）

表 11-1　　　　I/O 点分配表

输　入			输　出		
元件代号	功能	输入点	元件代号	功能	输出点
SB	系统启动	X0	KM1	上升	Y0
SQ1	上限位	X1	KM2	下降	Y1
SQ2	下限位	X2	KM3	左移	Y2
SQ3	左限位	X3	KM4	右移	Y3
SQ4	小球限位	X4	YA	吸球	Y4
SQ5	大球限位	X5	HL	原点显示	Y10

6. 系统线路图（见图 11-10）

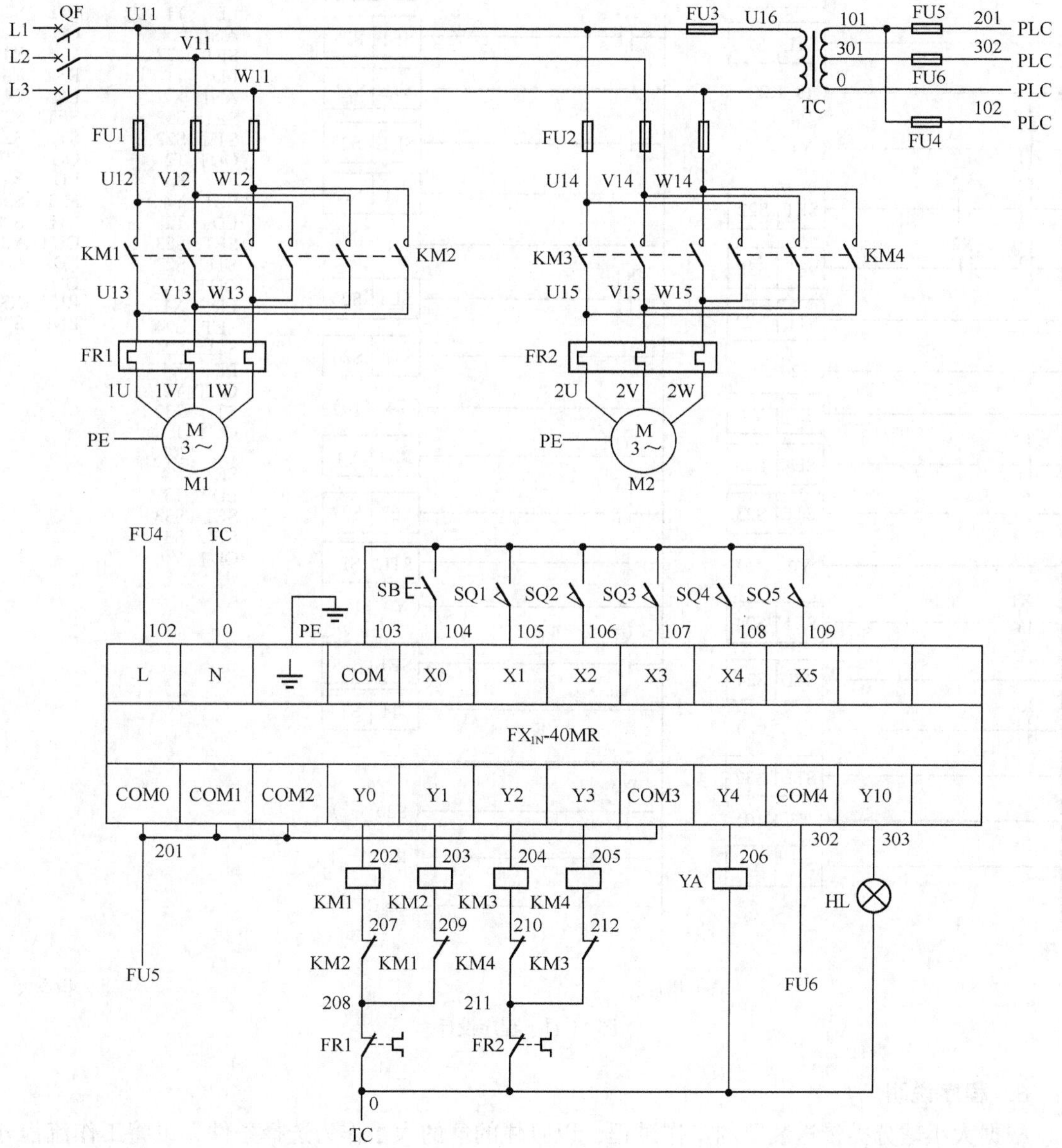

图 11-10　系统线路图

7. 程序设计（见图 11-11）

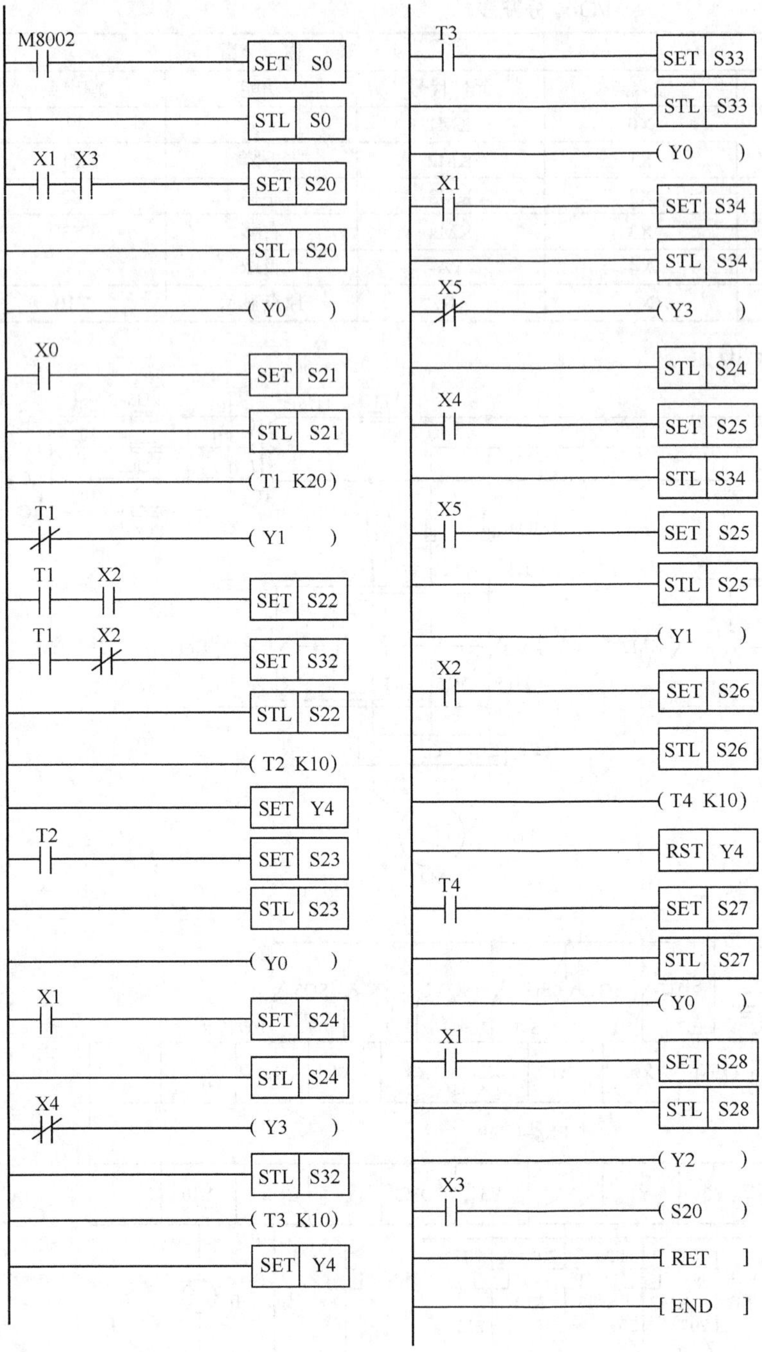

（a）梯形图

```
LD   M8002        LD   X1
SET  S0           SET  S34
STL  S0           STL  S34
LD   X1           LDI  X5
AND  X3           OUT  Y3
SET  S20          STL  S24
STL  S20          LD   X4
OUT  Y10          SET  S25
LD   X0           STL  S34
SET  S21          LD   X5
STL  S21          SET  S25
OUT  T1           STL  S25
     K20          OUT  Y1
LDI  T1           LD   X2
OUT  Y1           SET  S26
LD   T1           STL  S26
AND  X2           OUT  T4
SET  S22               K10
LD   T1           RST  Y4
ANI  X2           LD   T4
SET  S32          SET  S27
STL  S22          STL  S27
OUT  T2           OUT  Y0
     K10          LD   X1
SET  Y4           SET  S28
LD   T2           STL  S28
SET  S23          OUT  Y2
STL  S23          LD
OUT  Y0           OUT
LD   X1           RET  X3
SET  S24          END  S20
STL  S24
LDI  X4
OUT  Y3
STL  S32
OUT  T3
     K10
SET  Y4
LD   T3
SET  S33
STL  S33
OUT  Y0
```

（b）指令表

图 11-11 程序设计

8. 程序说明

根据大小球分类传送装置的工作过程，以吸住的球的大小作为选择条件，可将工作流程分成两个分支，SQ2 压合时，系统执行小球分支，反之，系统执行大球分支。显然，SQ2 动作与否是判断选择不同分支执行的条件，属于步进顺控程序中的选择性分支。

五、质量评价

质量评价标准如表 11-2 所示。

表 11-2 质量评价标准

序号	主要内容	考核要求	评分标准	配分	扣分	得分
1	程序设计	根据任务，列出 PLC 控制 I/O 口，地址分配表，根据控制要求，设计 PLC 外部接线图和梯形图，根据梯形图，列出指令表	① 输入/输出地址遗漏或搞错，每处扣 1 分 ② 梯形图表达不正确或画法不规范，每处扣 2 分 ③ 接线图表达不正确或画法不规范，每处扣 2 分 ④ 指令有错，每条扣 2 分	30		
2	程序输入及调试	能正确地将所编程序输入 PLC，按照被控设备的动作要求进行模拟调试，达到设计要求	① 不会熟练操作计算机或编程器输入、修改指令扣 2 分 ② 一次模拟调试不成功扣 8 分，两次扣 15 分，三次扣 20 分	25		
3	元件安装	按图纸的要求，正确利用工具和仪表，熟练安装电气元件，元件在配电板上布置要合理，安装要准确、紧固	① 元件布置不整齐、不均匀、不合理，每只扣 2 分 ② 元件安装不牢固，安装元件时漏装螺钉，每只扣 2 分 ③ 损坏元件每只扣 5 分	10		
4	布线	要求美观、紧固、无毛刺，导线要进线槽。电源和外部设备配线、按钮接线要接到端子排上，进出线槽的导线要有端子标注	① 电动机运行正常，但未按电路图接线，扣 1 分 ② 布线不进线槽，不美观，主电路、控制电路，每根扣 1 分 ③ 接点松动，接头露铜过长、反圈、压绝缘层，标记线号不清楚、遗漏或误标，每处扣 1 分 ④ 损伤导线绝缘或线芯，每根扣 0.5 分	20		
5	团体合作精神	小组分工协作，积极参与	根据实际情况判分	5		
6	安全文明生产	正确使用设备，遵守安全用电原则，无违纪行为	根据实际情况判分	10		

项目十二

物料传送中的识别控制

加设传感器收集不同的识别信号，便能使可编程序控制器的控制长上“眼睛”，区分对待不同的物品进行分类分拣操作，这在生产过程的自动控制中也经常采用。

一、任务目标

- 进一步熟悉步进指令的使用。
- 进一步熟悉状态流程图的结构。
- 能够编辑物料传送中的识别控制。

二、任务知识

1. 电容传感器的工作原理

电容传感器的感应面由两个同轴金属电极构成，就像“打开的”电容器电极。这两个电极构成一个电容，串接在 RC 振荡回路内。电源接通，当电极附近没有物体时，电容器容量小，不能满足振荡条件，RC 振荡器不振荡；当有物体朝着电容器的电极靠近时，电容器的容量增加，振荡器开始振荡。通过后级电路的处理，将不振荡和振荡两种信号转换成开关信号，从而起到了检测有无物体接近的目的。这种传感器既能检测金属物体，又能检测非金属物体。它对金属物体可以获得最大的动作距离，而对非金属物体，动作距离的决定因素之一是材料的介电常数。材料的介电常数越大，可获得的动作距离越大。材料的面积对动作距离也有一定影响。大多数电容传感器的动作距离都可通过其内部的电位器进行调节、设定。

2. 光电传感器（光电开关）

光电传感器是通过把光强度的变化转换成电信号的变化来实现检测的。光电传感器在一般情况下由发射器、接收器和检测电路三部分构成。发射器对准物体发射光束，发射的光束一般来源于发光二极管和激光二极管等半导体光源。光束不间断地发射，或者改变脉冲宽度。接收器由光电二极管或光电三极管组成，用于接收发射器发出的光线。检测电路用于滤出有效信号。常用的光电传感器又可分为漫反射式、反射式、对射式等几种，它们中大多数的动作距离都可以调节。

（1）漫反射式光电传感器。

漫反射式光电传感器集发射器与接收器于一体，在前方无物体时，发射器发出的光不会被接收器接收到，开关不动作，如图 12-1（a）所示。当前方有物体时，接收器就能接收到物体反射回来的部分光线，通过检测电路产生电信号输出使开关动作，如图 12-1（b）所示。漫反射式光电传感器的有效作用距离是由目标的反射能力决定的，即由目标表面的性质和颜色决定。

（2）反射式光电传感器。

反射式光电传感器也是集发射器与接收器于一体，与漫反射式光电传感器不同的是其前方装有一块反射板。当反射板与发射器之间没有物体遮挡时，接收器可以接收到光线，开关不动作，如图 12-2（a）所示。当被测物体遮挡住反射板时，接收器无法接收到发射器发出的光线，传感器产生输出，开关动作，如图 12-2（b）所示。这种光电传感器可以辨别不透明的物体，借助反射镜部件，形成较大的有效距离范围，且不易受干扰，可以可靠地用于野外或者粉尘污染较严重的环境中。

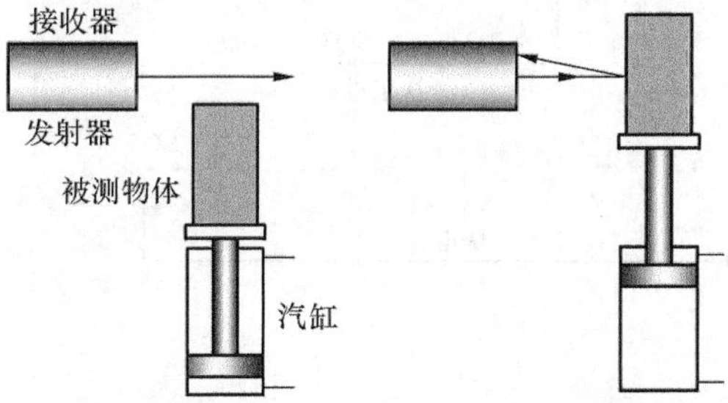

（a）无检测信号　（b）有检测信号

图 12-1　漫反射式光电传感器工作原理示意图

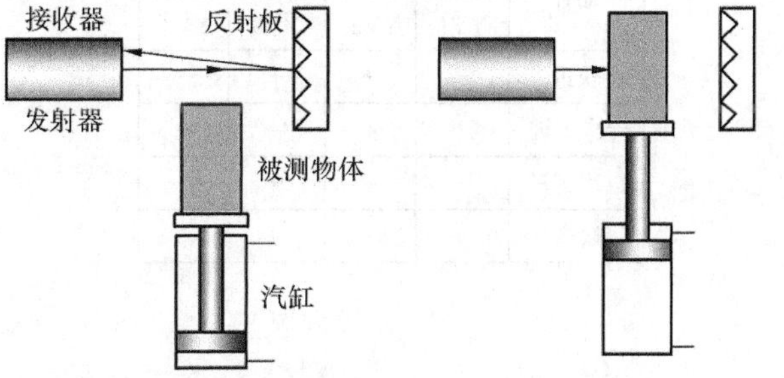

（a）无检测信号　（b）有检测信号

图 12-2　反射式光电传感器工作原理示意图

（3）对射式光电传感器。

对射式光电传感器的发射器和接收器是分离的。在发射器与接收器之间如果没有物体遮挡，发射器发出的光线能被接收器接收到，开关不动作，如图 12-3（a）所示。当有物体遮挡时，接收器接收不到发射器发出的光线，传感器产生输出信号，开关动作，如图 12-3（b）所示。这种光电传感器能辨别不透明的反光物体，有效距离大。因为发射器发出的光束只跨越感应距离一次，所以不易受干扰，可以可靠地用于野外或者粉尘污染较严重的环境中。

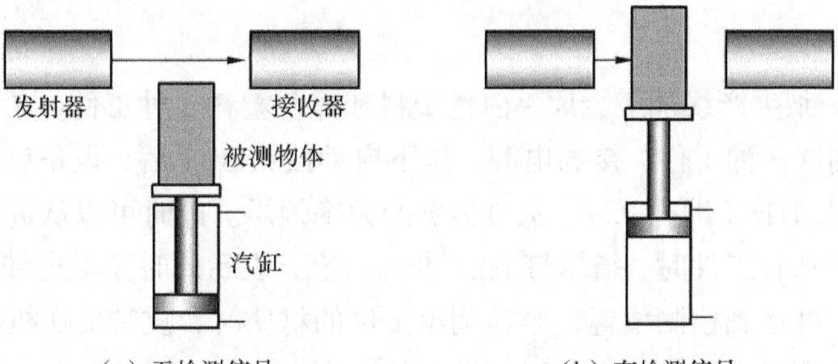

（a）无检测信号　（b）有检测信号

图 12-3　对射式光电传感器工作原理示意图

（4）光纤式光电传感器。

光纤式光电传感器又称光电传感器，它利用光导纤维进行信号传输。光导纤维是利用光的完全内反射原理传输光波的一种介质，它由高折射率的纤芯和包层组成。包层的折射率小于纤芯的折射率，直径为 0.1 ~ 0.2mm。当光线通过端面透入纤芯，在到达与包层的交界面时，由于光线的完全内反射，光线反射回纤芯层。这样经过不断的反射，光线就能沿着纤芯向前传播且只有很小的衰减。光纤式光电传感器就是把发射器发出的光线用光导纤维引导到检测点，再把检测到的光信号用光纤引导到接收器来实现检测的。按动作方式的不同，光纤传感器也可分成对射式、漫反射式等多种类型。光纤传感器可以实现被检测物体在较远区域的检测。由于光纤损耗和光纤色散的存在，在长距离光纤传输系统中，必须在线路适当位置设立中级放大器，以对衰减和失真的光脉冲信号进行处理及放大。

三、思考与练习

设计组合机床动力头控制程序，控制要求如下。

某组合机床工作时需要同时完成两套动作，它的两个动力头由液压电磁阀控制，其动作过程及对应执行元件的状态如图 12-4 所示。

动作	执行元件			
	YV1	YV2	YV3	YV4
快进	−	+	+	−
一次工进	+	+	−	−
二次工进	−	+	+	+
快退	+	−	+	−

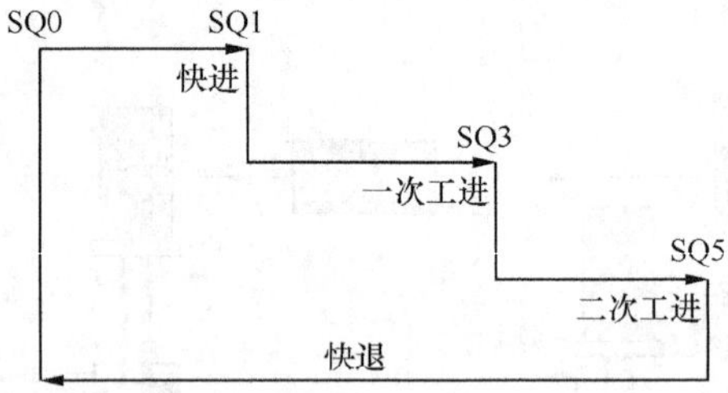

（a）1 号动力头

动作	执行元件		
	YV5	YV6	YV7
快进	+	+	−
工进	+	−	+
快退	−	+	+

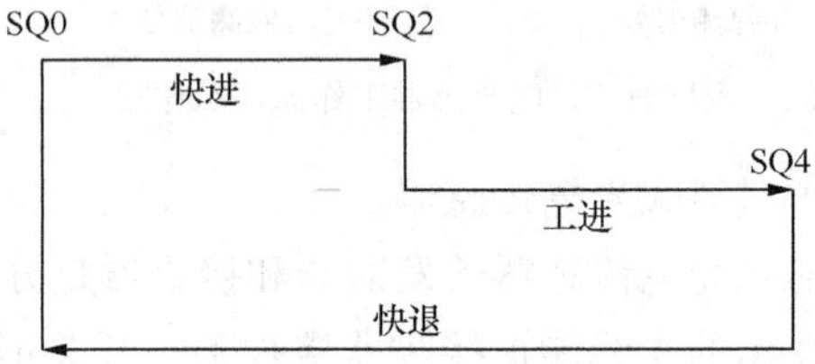

（b）2 号动力头

图 12-4　机床控制要求

四、实训

1. 控制要求

如图 12-5 所示，某生产线加工金属、白色塑料和黑色塑料 3 种工件，在该生产线的终端有一识别装置，用以识别这 3 种工件。接通电源，按下启动按钮 SB1 后，设备启动，皮带输送机正转运行，指示灯 HL1 以 1Hz（即亮 0.5s、灭 0.5s）的频率闪烁。此时可以从进料口放入工件，当皮带输送机进料口检测到有工件时，指示灯 HL1 变为常亮，表示此时输送皮带上有工件，输送皮带继续正转运行，将工件送到检测位置，当检测出工件的材质时，皮带输送机停止运行，直到皮带输送机上没有工件时再正转运行，准备下一工件的识别。

当检测出工件材质时，指示灯 HL2 以不同的发光规律来指示，表示工件识别已完成，可以将工件取走，工件取走后，指示灯 HL2 熄灭。HL2 的发光规律是：若工件为金属，则 HL2 以 2s（即亮 1s、灭 1s）的周期闪烁；若工件为白色塑料，则 HL2 以 0.5s（即亮 0.25s、灭 0.25s）的周期闪烁；若工件为黑色塑料，则 HL2 以亮 0.5s、灭 1s 的规律闪烁。

当按下停止按钮 SB2 后，识别完当前工件，并在工件取走后设备才停止工作。

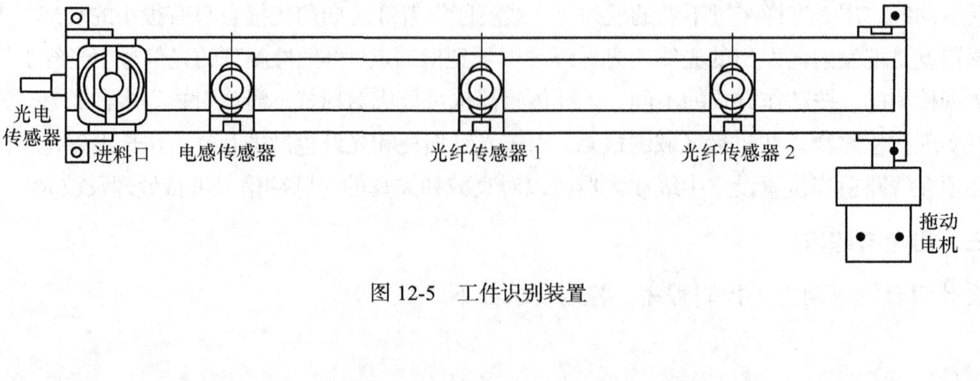

图 12-5　工件识别装置

2. 分析控制要求

本设备要求完成 3 种工件的识别，并用指示灯以不同的发光规律来指示检测到的不同材质的工件。

3. 确定输入设备

根据控制要求，系统有 6 个输入信号：启动、停止、光电传感器、电感传感器和两个光纤传感器。因此，PLC 需要有 6 个输入点分别与它们相连。

4. 确定输出设备

根据控制要求，系统有 3 个输出信号：拖动电动机、指示灯 HL1 和 HL2。

5. I/O 点分配（见表 12-1）

表 12-1　　输入/输出设备及 I/O 点分配表

输　入			输　出		
元件代号	功能	输入点	元件代号	功能	输出点
SB1	启动	X0	KM	控制电动机	Y0
SB2	停止	X1	HL1	有无工件指示	Y4
光电传感器	检测是否进料	X2	HL2	工件材质指示	Y5
电感传感器	检测金属	X3			
光纤传感器 1	检测白色塑料	X4			
光纤传感器 2	检测黑色塑料	X5			

6. 系统线路图（见图 12-6）

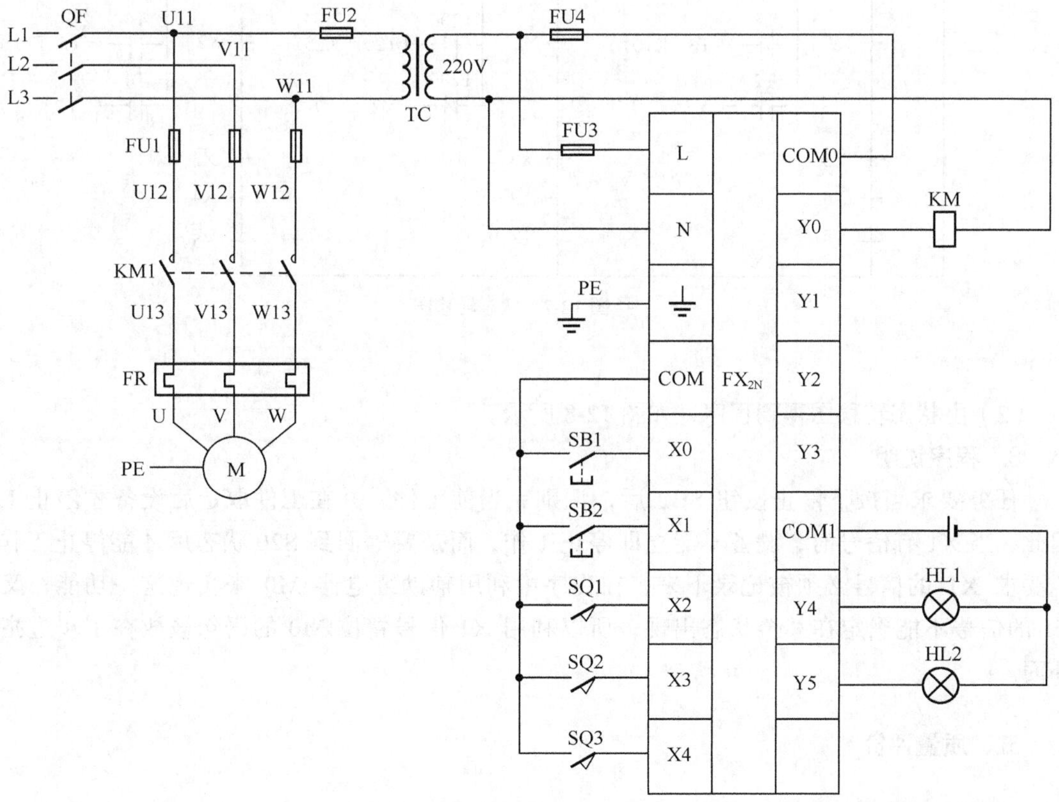

图 12-6　工件识别控制电路图

7. **程序设计**

（1）画出循环工作部分的状态转移图，如图 12-7 所示。

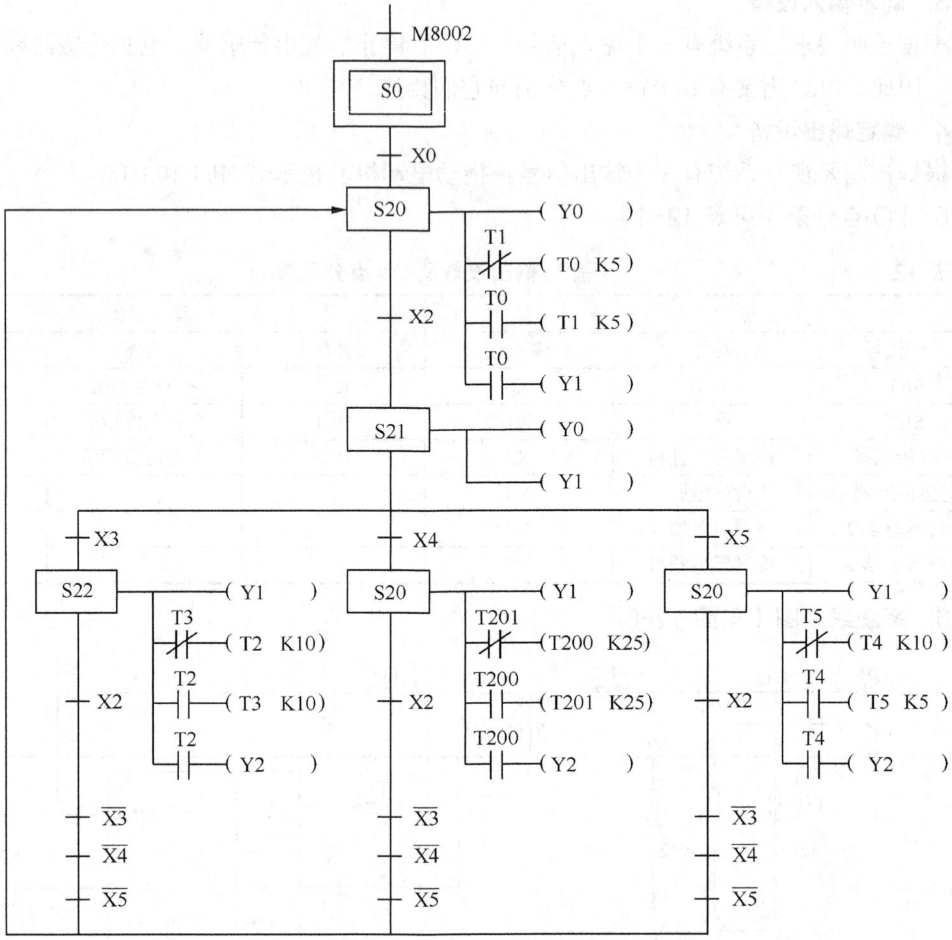

图 12-7 状态转移图

（2）由状态转移图得到程序，如图 12-8 所示。

8. **程序说明**

任务要求当按下停止按钮 SB2 后，识别完当前工件，并在工件取走后设备才停止工作。因此，当 X1 有信号时，设备不能立即停止工作，而是要等回到 S20 状态后才能停止工作，这就要求 X1 的信号必须被记录下来，在程序中利用辅助继电器 M0 来实现这一功能；又因为 X1 的信号不能确定在某个状态出现，所以利用 X1 信号置位 M0 的语句被放在了步进指令的外面。

五、质量评价

质量评价标准如表 12-2 所示。

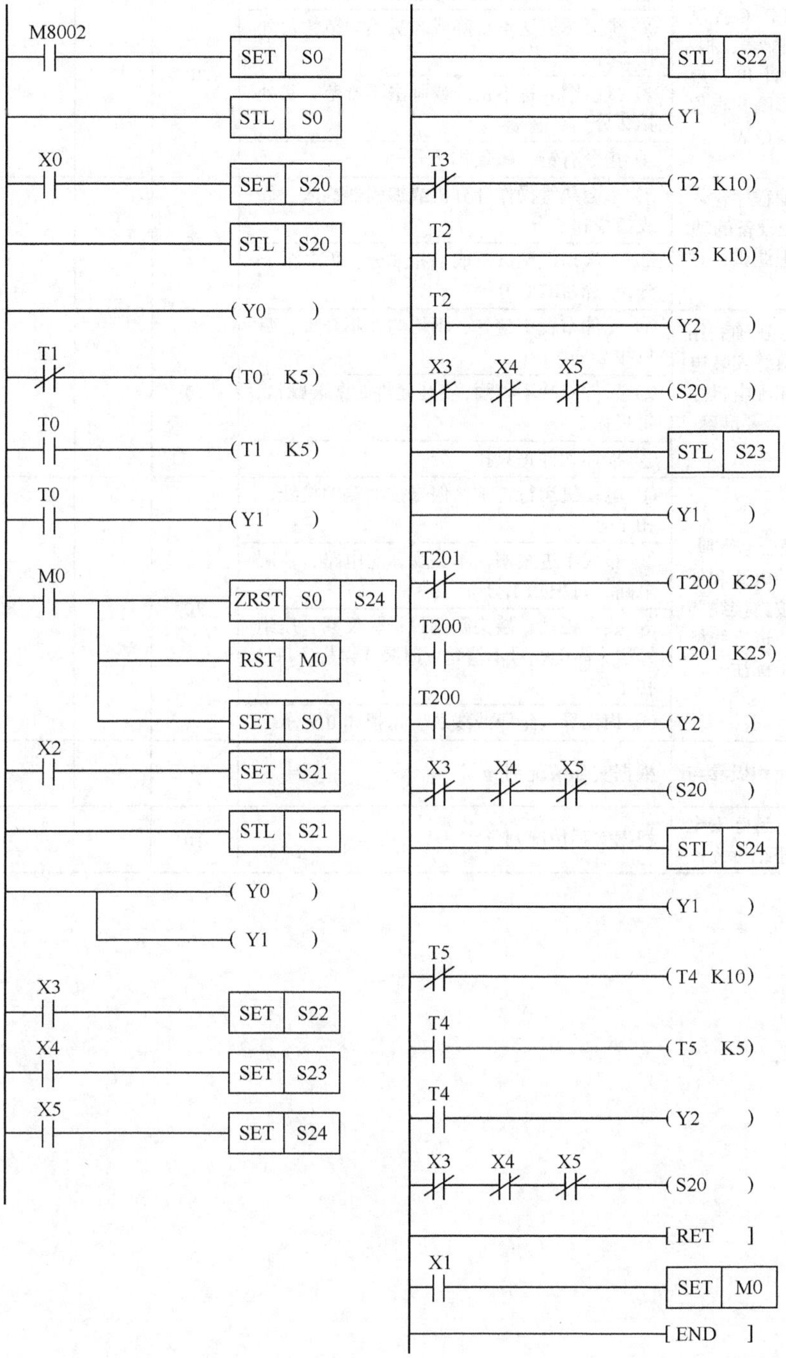

（a）梯形图

```
LD    M8002        STL   S22
SET   S0           OUT   Y1
STL   S0           LDI   T3
LD    X0           OUT   T2
SET   S20                K10
STL   S20          LD    T2
OUT   Y0           OUT   T3
LDI   T1                 K10
OUT   T0           LD    T2
      K5           OUT   Y2
LD    T0           LDI   X3
OUT   T1           LDI   X4
      K5           LDI   X5
LD    T0           OUT   S20
OUT   Y1           STL   S23
LD    M0           OUT   Y1
ZRST  S0           LDI   T201
      S24          OUT   T200
RST   M0                 K25
SET   S0           LD    T200
LD    X2           OUT   T201
SET   S21                K25
STL   S21          LD    T200
OUT   Y0           OUT   Y2
OUT   Y1           LDI   X3
LD    X3           LDI   X4
SET   S22          LDI   X5
LD    X4           OUT   S20
SET   S23          STL   S24
LD    X5           OUT   Y1
SET   S24          LDI   T5
                   OUT   T4
                         K10
                   LD    T4
                   OUT   T5
                         K5
                   LD    T4
                   OUT   Y2
                   LDI   X3
                   LDI   X4
                   LDI   X5
                   OUT   S20
                   RET
                   LD    X1
                   SET   M0
                   END
```

（b）指令表

图 12-8　程序设计

表 12-2　　质量评价标准

序号	主要内容	考核要求	评分标准	配分	扣分	得分
1	程序设计	根据任务，列出PLC控制I/O口，地址分配表，根据控制要求，设计PLC外部接线图和梯形图，根据梯形图，列出指令表	① 输入/输出地址遗漏或搞错，每处扣1分 ② 梯形图表达不正确或画法不规范，每处扣2分 ③ 接线图表达不正确或画法不规范，每处扣2分 ④ 指令有错，每条扣2分	30		
2	程序输入及调试	能正确地将所编程序输入PLC，按照被控设备的动作要求进行模拟调试，达到设计要求	① 不会熟练操作计算机或编程器输入、修改指令扣2分 ② 一次模拟调试不成功扣8分，两次扣15分，三次扣20分	25		
3	元件安装	按图纸的要求，正确利用工具和仪表，熟练安装电气元件，元件在配电板上布置要合理，安装要准确、紧固	① 元件布置不整齐、不均匀、不合理，每只扣2分 ② 元件安装不牢固，安装元件时漏装螺钉，每只扣2分 ③ 损坏元件每只扣5分	10		
4	布线	要求美观、紧固、无毛刺，导线要进线槽。电源和外部设备配线、按钮接线要接到端子排上，进出线槽的导线要有端子标注	① 电动机运行正常，但未按电路图接线，扣1分 ② 布线不进线槽，不美观，主电路、控制电路，每根扣1分 ③ 接点松动，接头露铜过长、反圈、压绝缘层，标记线号不清楚、遗漏或误标，每处扣1分 ④ 损伤导线绝缘或线芯，每根扣0.5分	20		
5	团体合作精神	小组分工协作，积极参与	根据实际情况判分	5		
6	安全文明生产	正确使用设备，遵守安全用电原则，无违纪行为	根据实际情况判分	10		

项目十三

机械手的自动控制

生产过程中采用机械手进行产品的搬运和生产顺序操作，在自动化生产领域里也是不可缺少的。可编程序控制器也能够对机械手设计不同动作的控制程序，指挥机械手代替人进行生产操作。

一、任务目标

- 了解 MOV、MOVP 指令的使用。
- 了解 SFTR、SFTL 指令的使用。
- 进一步熟悉各种软元件的使用。
- 进一步熟悉基本指令的使用。
- 能够编辑机械手的自动控制程序。

二、任务知识

（一）FX 系列 PLC 功能指令的基础知识

1. 功能指令的表达方式

PLC 功能指令，各指令有特定编号和对应的助记符，能完成指定的功能，主要用于程序控制、工业过程控制以及网络通信方面。可分为程序控制、算术与逻辑运算、传送与比较、移位与循环、高速处理、便利指令等多种。它的表达方式与基本指令不同，如图 13-1 所示。

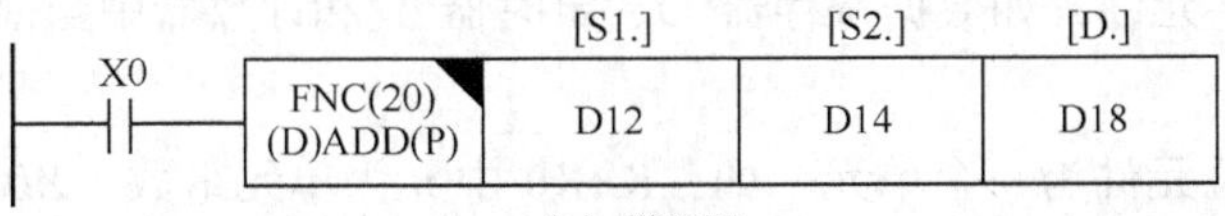

（a）梯形图

0	LD	X0		
1	ADD	D12	D14	D18

（b）指令表

图 13-1　梯形图及指令表

（1）助记符。功能指令的助记符是该指令功能的英文缩写，如：加法指令“ADDITION”简写为 ADD。

（2）指令编号。每条功能指令都有相应的指令编号相对应，便于使用简易编程器输入，如：按下 FNC（20），就可以将 ADD 指令输入 PLC 内，采用计算机输入时，不需要记忆。

（3）执行方式。有连续执行和脉冲执行两种方式。

① 若在指令标示栏上标有符号◥时为连续执行，当执行条件满足时，每个扫描周期都执行一次，如图 13-1 所示，当 X0 闭合时，每个扫描周期，均执行一次加法。

② 若指令后面有（P）时表示脉冲执行方式，当执行条件满足时，仅执行一个扫描周期，对于不要求每个扫描周期都执行的指令，常使用脉冲执行方式，以便缩短执行时间。

（4）操作数。即功能指令用于运算的各种数据或元件。

① 源操作数。用[S]表示，源操作数的特点是指令执行以后不改变其内容；若采用变址功能

时，采用[S.]来表示。

② 目标操作数。用 [D]来表示，目标操作数的特点是指令执行后，其内容将会被改变；若采用变址功能时，采用[D.]来表示。

③ 其他操作数 n 和 m。常用来表示常数或源操作数和目标操作数的补充说明，表示常数时，K 为十进制，H 为十六进制，如 K100 表示十进制常数 100。

一条指令中，源操作数、目标操作数、其他操作数可能不止一个，也可能一个没有，如有多个时，可用字母后带数字识别，如[S1]、[S2]等。

2. 一些常用知识

（1）数据长度。功能指令可处理 16 位和 32 位数据，其中处理 32 位数据的指令用（D）表示，处理 16 位数据的指令没有（D）符号，如图 13-2 所示。

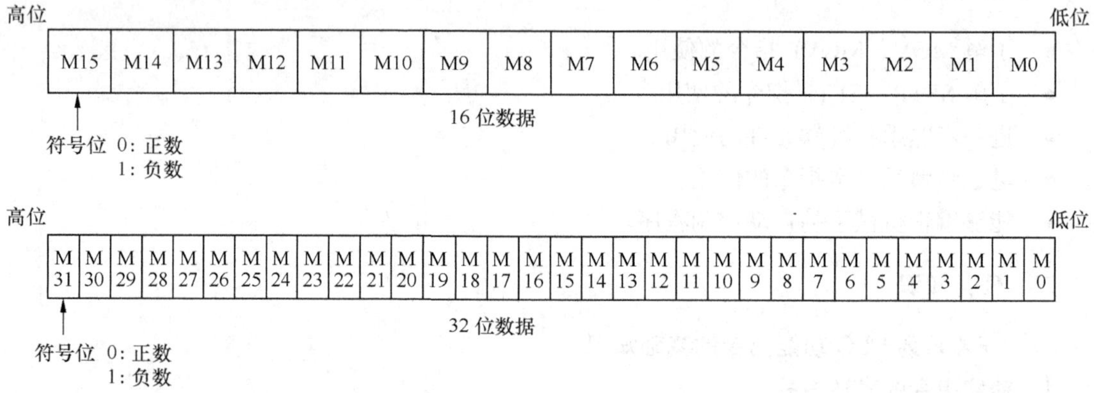

图 13-2　16 位和 32 位数据

（2）位元件与字元件。

① 位元件。处理闭合和断开状态的元件称为位元件，如 X、Y、M、S 等。

② 字元件。处理数据的元件称为字元件，如数据寄存器 D、定时器 T 和计数器中当前值寄存器。

③ 位元件组合成字元件。以 4 个位元件为一个单元，如：K*n*X0 中 *n* 为单元组数，X0 为由位元件组合构成字元件的首元件编号，K4X0 表示由 X0 ~ X17 组成 16 位数据操作，K8X0 表示由 X0 ~ X37 组成的 32 位数据操作。

（二）传送指令（MOV）

（1）数据传送指令包括 MOV（传送）、SMOV（位传送）、CML（反相传送）、BMOV（成批传送）、FMOV（多点传送）、XCH（数据交换）、BCD（BCD 码交换）、BIN（BIN 码交换）。这里仅以 MOV 指令为例进行介绍。其他指令可以参考相关技术手册。

（2）MOV（FNC12），就是将源操作数的内容原封不动地传送到目标操作数去，源操作数不变（见图 13-3）。

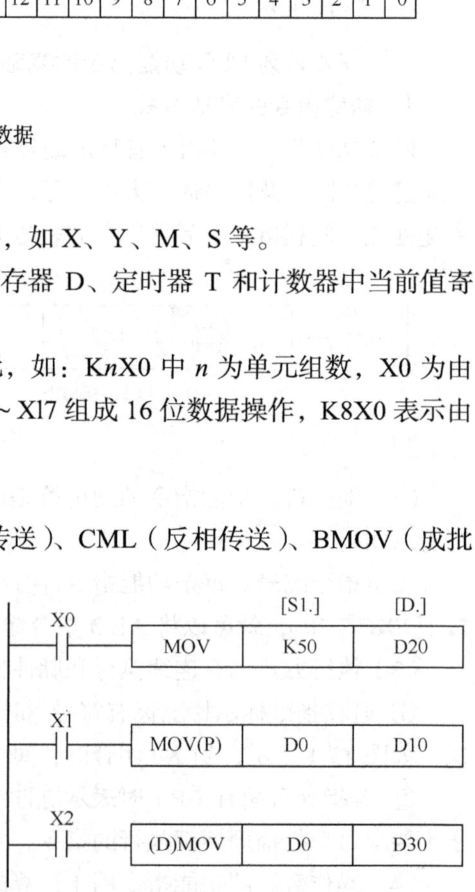

图 13-3　传送指令

（3）程序说明如下。

① 当 X0 闭合时，运行连续执行型 16 位传送指令，每来一次扫描脉冲，将十进制数 50 转换为二进制

后传送一次给 D20，当 X0 断开时，不执行传送指令。

② 当 X1 闭合时，运行脉冲执行型 16 位传送指令，指令只执行一次将 D0 的内容传送给 D10。

③ 当 X2 闭合时，运行连续执行型 32 位传送指令。将 D1、D0 的内容传送到 D31、D30 中去。

（4）源操作数的类型可为：K、H、KnX、KnY、KnM、KnS、T、C、D、V、Z。

目标操作数的类型可为：KnY、KnM、KnS、T、C、D、V、Z。

（三）移位指令

1. 移位指令

包括 ROR（循环右移位）、ROL（循环左移位）、RCR（带进位位循环右移位）、RCL（带进位位循环左移位）、SFTR（位右移）、SFTL（位左移）、WSFR（字右移）、WSFL（字左移）、SFWR（FIFO 写入）、SFRD（FIFO 读出）。这里仅以 SFTR、SFTL 指令为例进行介绍。其他指令可以参考相关技术手册。

2. SFTL 指令

位左移指令，将指定的移位寄存器的位元件进行左移。SFTL 的应用示例如图 13-4 所示。

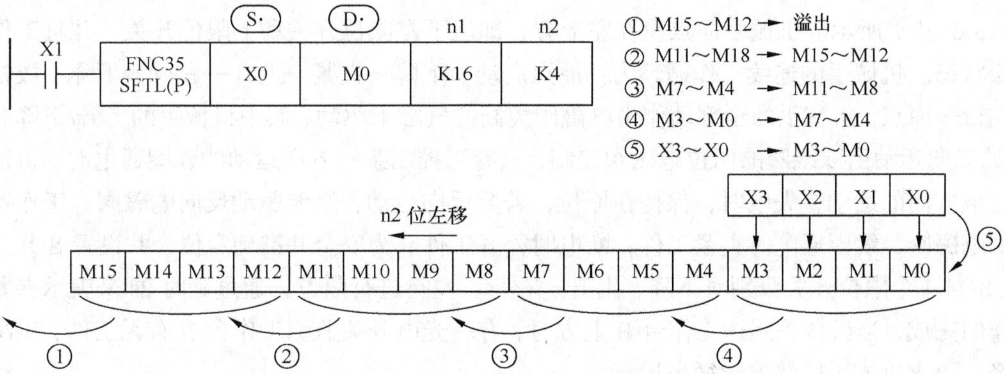

图 13-4 SFTL 指令应用示例

当 X1 常开触点动作时，将 X0～X3 的状态值传送到 M0～M3 中，M0～M3 中原来的值则向高 4 位传送，以此类推，最高的 4 位 M12～M15 中原来的值被丢弃。

3. SFTR 指令

位右移指令，将指定的移位寄存器的位元件进行右移。SFTR 的应用示例如图 13-5 所示。

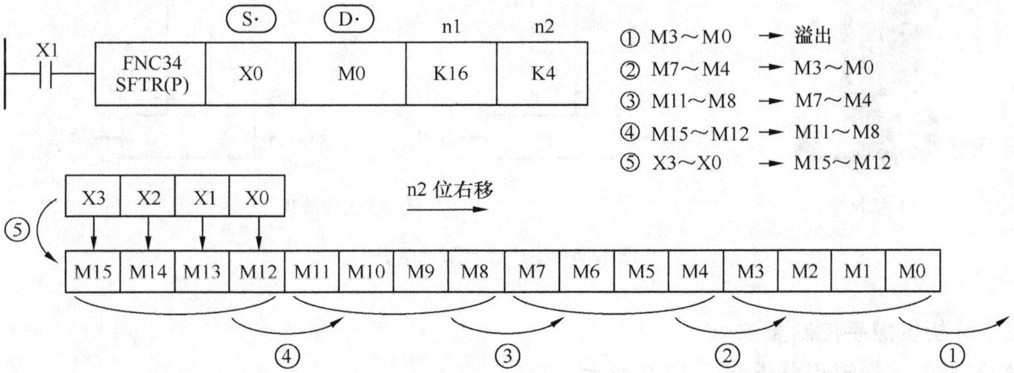

图 13-5 SFTR 指令应用示例

当 X1 常开触点动作时，将 X0 ~ X3 的状态值传送到 M15 ~ M12 中，M15 ~ M12 中原来的值则向低 4 位传送，以此类推，最低的 4 位 M3 ~ M0 中原来的值被丢弃。

三、思考与练习

1. 什么是功能指令的连续执行工作方式？什么是脉冲执行工作方式？在指令上用什么符号或文字表示？

2. 小灯 HL1 ~ HL5，按下启动按钮，以 1s 为间隔，小灯从 HL1 开始依次点亮，当小灯全部亮后，过 5s，小灯开始以 2s 为周期闪烁，闪烁 5 次后，小灯以 1s 为间隔，从 HL5 开始依次点亮，当小灯全部亮后，过 5s，小灯全部熄灭；任何时候按下停止按钮，小灯都全部熄灭。要求用位移和传送指令编程。

四、实训

1. 控制要求

生产线上某机械手如图 13-6（a）所示，其工作是将工件从左工作台 A 搬运到右工作台 B，如图 13-6（b）所示。机械手原点设在左上方，即压下左限位开关和上限位开关，并且工作钳处于放松状态。机械手的连续工作循环为：原点启动→下降→夹紧→上升→右行→下降→放松→上升→左行→原点。机械手的全部动作由电磁阀控制的气缸来驱动，其中机械手的上升/下降和左行/右行的双向运动由双线圈的两位电磁阀控制，只有当控制某一方向运动的线圈通电时，机械手才能执行该方向的运动，失电时，保持在原位，若要反向运动，需要驱动反向电磁阀。工作钳使用单线圈电磁阀，线圈通电时夹紧工件，断电时松开工件。为安全并准确定位，共设置 SQ1、SQ2、SQ3、SQ4 4 个限位开关分别对下降、上升、右行、左行进行限位，通过延时 2s 来表示夹紧、放松动作的完成，当机械手到达工作台 B 上方时，有一光电开关监测工作台 B 有无工件，以决定是否下降。要求机械手能够连续循环运行。

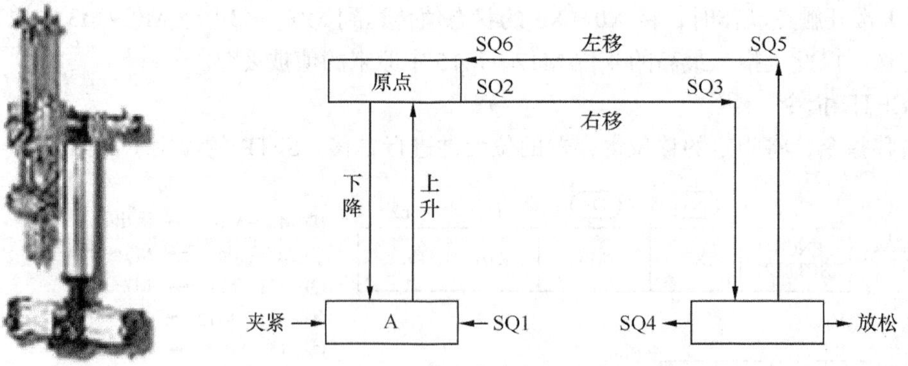

（a）机械手　　（b）机械手工作流程

图 13-6　生产线上某机械手

2. 分析机械手控制要求

机械手的工作流程分析如图 13-7 所示。

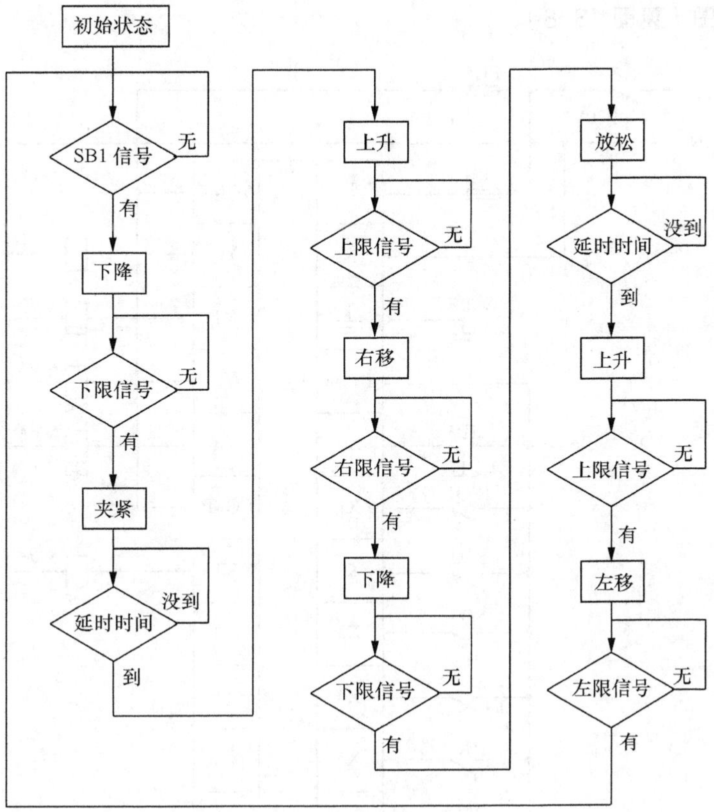

图 13-7　机械手工作流程分析

3. 确定输入设备

根据系统的要求，系统有 7 个输入信号：启动、停止、行程开关 SQ1、SQ2、SQ3、SQ4，光电检测。由此确定，系统的输入设备有 2 只按钮、4 只行程开关和一个光电传感器，PLC 需要用 7 个输入点分别与它们的常开触点相连。

4. 确定输出设备

由于机械手升降、水平位移用的是双线圈的电磁阀，机械手抓紧和放松用的是单线圈的电磁阀。因此控制升降电磁阀用两个输出点，控制水平位移电磁阀用两个输出点，控制抓紧和放松用电磁阀用一个输出点，共 5 个输出点。

5. I/O 点分配（见表 13-1）

表 13-1　　输入/输出设备及 I/O 点分配表

输入			输出		
元件代号	功能	输入点	元件代号	功能	输出点
SB1	启动	X0	YV1	下降电磁阀线圈	Y0
SQ1	下限位开关	X1	YV2	夹紧电磁阀线圈	Y1
SQ2	上限位开关	X2	YV3	上升电磁阀线圈	Y2
SQ3	右限位开关	X3	YV4	右移电磁阀线圈	Y3
SQ4	左限位开关	X4	YV5	左移电磁阀线圈	Y4
K	光电检测	X5			
SB2	停止	X6			

6. 系统线路图（见图 13-8）

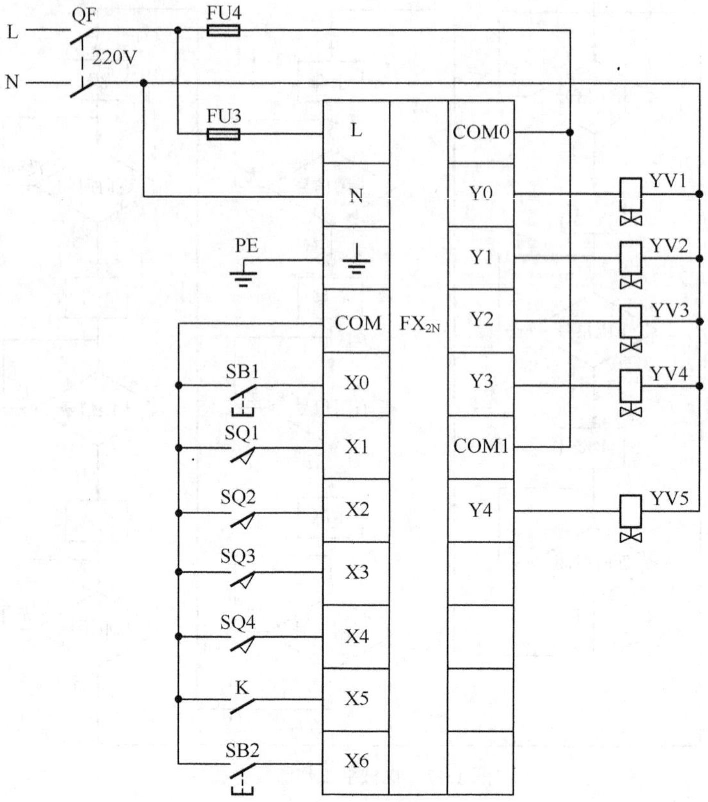

图 13-8　机械手自动控制电路图

7. 程序设计（见图 13-9）

8. 程序说明

（1）机械手只有在原点时，方可启动，故采用 X2 和 X4 常开触点的串联作为启动的条件，当机械手处于原点时，X2、X4 将移位寄存器源操作数 M0 接通。在 M0 支路中采用 M1 ~ M8 常闭触点，目的在于整个移位过程中，仅要求一个 “1” 在移位，以便机械手每次仅执行一个动作。

（2）机械手下降：按下启动按钮，X0 闭合，因 M0 常开触点已闭合，故产生一个移位信号，将数据输入端 M0 的状态“1”移到 M1，M1 的常闭触点让 M0 线圈复位。Ml 常开触点接通 Y0 线圈，机械手执行下降运动。之所以采用 M0 常开触点与 X0 常开触点串联，是因为在实际工作中，外部开关的接通可能会产生抖动（多次通断），如没有 M0 的隔离，会在移位输入端产生多个移位信号，让移位寄存器多次移位，机械手动作错乱。

（3）工件夹紧：当下降到位，碰到下限位开关 SQ1，X1 闭合，产生一个移位信号，Ml 复位，Y0 线圈失电，机械手停止下降，同时，M2 置位，其常开触点接通，Y1 线圈得电并自锁，同时，定时器 T0 开始计时。

（4）上升：T0 定时 2s 后，T0 常开触点闭合，产生一个移位信号，M2 复位，M3 置位，M3 常开触点接通 Y2 线圈，机械手上升。Y1 因采用置位指令，故依然保持夹紧状态。

（5）右移：当上升到位，碰到上限开关 SQ2，X2 闭合，产生一个移位信号，M3 复位，Y2 线圈失电，机械手停止上升，同时，M4 置位，M4 常开触点接通 Y3 线圈，机械手右移。

（6）机械手再次下降：当右移碰到右限开关 SQ3，X3 闭合，产生一个移位信号，M4 复位，

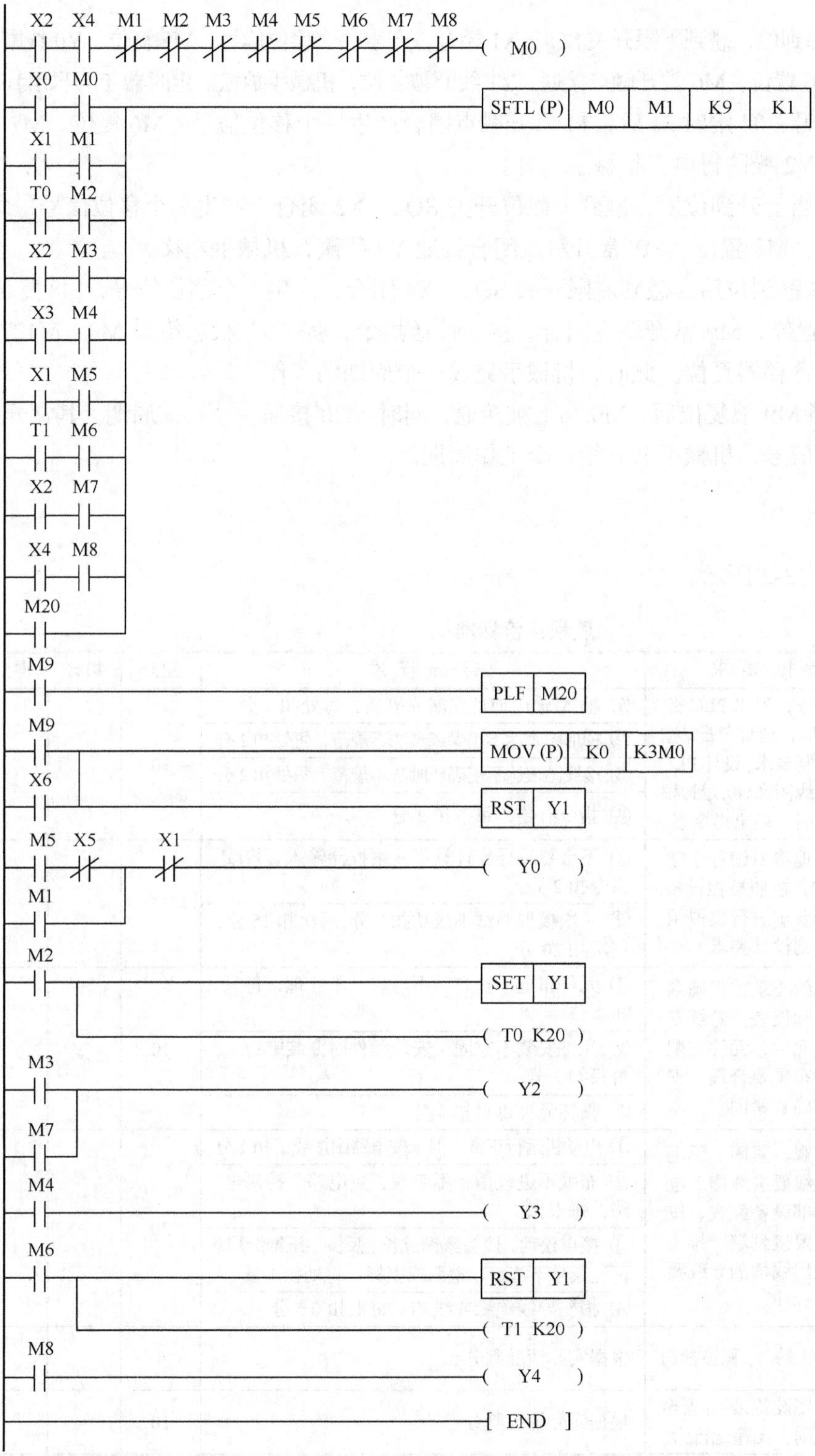

（a）梯形图

LD	X2
AND	X4
ANI	M1
ANI	M2
ANI	M3
ANI	M4
ANI	M5
ANI	M6
ANI	M7
ANI	M8
OUT	M0
LD	X0
AND	M0
LD	X1
AND	M1
ORB	
LD	T0
AND	M2
ORB	
LD	X2
AND	M3
ORB	
LD	X3
AND	M4
ORB	
LD	X1
AND	M5
ORB	
LD	T1
AND	M6
ORB	
LD	X2
AND	M7
ORB	
LD	X4
AND	M8
ORB	
OR	M20
SFTLP	M0
	M1
	K9
	K1
LD	M9
PLF	M20
LD	M9
OR	X6
MOVP	K0
	K3M0
RST	Y1
LD	M5
ANI	X5
OR	M1
ANI	X1
OUT	Y0
LD	M2
SET	Y1
OUT	T0
	K20
LD	M3
OR	M7
OUT	Y2
LD	M4
OUT	Y3
LD	M6
RST	Y1
OUT	T1
	K20
LD	M8
OUT	Y4
END	

（b）指令表

图 13-9　程序设计

Y3 线圈失电，机械手停止右移，同时，M5 置位，M5 常开触点接通，若此时 B 工作台无工件（X5 闭合），则机械手下降。

（7）放工件：当下降到位，碰到下限开关 SQl，X1 闭合，产生一个移位信号，M5 复位，Y0 线圈失电，机械手停止下降，M6 置位，M6 常开触点接通，Y1 线圈被复位，机械手放松。定时器 T1 开始计时。

（8）机械手再次上升：Tl 定时 2s 后，T1 常开触点闭合产生一个移位信号，M6 复位，M7 置位，其常开触点接通，Y2 线圈得电，机械手上升。

（9）机械手左移：当上升到位后，碰到上限位开关 SQ2，X2 闭合，产生一个移位信号，M7 复位，停止上升，同时，M8 置位，M8 常开触点闭合接通 Y4 线圈，机械手左移。

（10）回到原点：左移到位后，碰到左限开关 SQ4，X4 闭合，产生一个移位信号，M8 复位，停止左移，同时，M9 置位，M9 常开触点闭合，接通传送指令，将“0”状态传到 M0 ~ M12 的辅助继电器中，让移位寄存器复位。此时，机械手完成一个周期的工作。

（11）重新循环：当 M9 被复位后，M0 马上被接通，同时 M20 接通一个扫描周期，其常开触点闭合，产生一个移位信号，机械手又开始一个工作周期。

五、质量评价

质量评价标准如表 13-2 所示。

表 13-2　　质量评价标准

序号	主要内容	考核要求	评分标准	配分	扣分	得分
1	程序设计	根据任务，列出 PLC 控制 I/O 口，地址分配表，根据控制要求，设计 PLC 外部接线图和梯形图，根据梯形图，列出指令表	① 输入/输出地址遗漏或搞错，每处扣 1 分 ② 梯形图表达不正确或画法不规范，每处扣 2 分 ③ 接线图表达不正确或画法不规范，每处扣 2 分 ④ 指令有错，每条扣 2 分	30		
2	程序输入及调试	能正确地将所编程序输入 PLC，按照被控设备的动作要求进行模拟调试，达到设计要求	① 不会熟练操作计算机或编程器输入、修改指令扣 2 分 ② 一次模拟调试不成功扣 8 分，两次扣 15 分，三次扣 20 分	25		
3	元件安装	按图纸的要求，正确利用工具和仪表，熟练安装电气元件，元件在配电板上布置要合理，安装要准确、紧固	① 元件布置不整齐、不均匀、不合理，每只扣 2 分 ② 元件安装不牢固，安装元件时漏装螺钉，每只扣 2 分 ③ 损坏元件每只扣 5 分	10		
4	布线	要求美观、紧固、无毛刺，导线要进线槽。电源和外部设备配线、按钮接线要接到端子排上，进出线槽的导线要有端子标注	① 电动机运行正常，但未按电路图接线，扣 1 分 ② 布线不进线槽，不美观，主电路、控制电路，每根扣 1 分 ③ 接点松动，接头露铜过长、反圈、压绝缘层，标记线号不清楚、遗漏或误标，每处扣 1 分 ④ 损伤导线绝缘或线芯，每根扣 0.5 分	20		
5	团体合作精神	小组分工协作，积极参与	根据实际情况判分	5		
6	安全文明生产	正确使用设备，遵守安全用电原则，无违纪行为	根据实际情况判分	10		

项目十四

物料运送小车呼叫送料运行控制

通过限位开关的不同位置设定，能够设计 PLC 程序控制运料小车进行自动运行控制。把生产过程中的一些重复往返的物料运送处理得有条不紊。

一、任务目标

- 能懂得加 1 减 1 指令的使用。
- 能懂得比较指令的使用。
- 进一步熟悉各种软元件的使用。
- 进一步熟悉各种指令的使用。
- 能够编辑物料运送小车呼叫送料运行控制的程序。

二、任务知识

（一）加 1 和减 1 指令

INC 为加 1 指令，它的功能是将指定的目标操作元件[D ·]中的二进制数自动增加 1，DEC 为减 1 指令，它的功能是从指定的目标操作元件[D ·]中的二进制数自动减 1。如图 14-1 所示，当 X1 每接通一次时 KlY0 中的数自动增加 1，当 X2 每接通一次时 KlY10 中的数自动减 1。

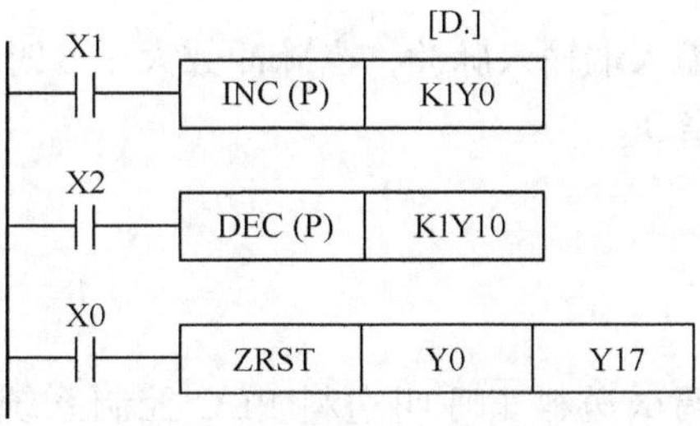

图 14-1　加 1 和减 1 指令说明

（二）比较指令

比较指令有比较（CMP）和区间比较（ZCP）两种。

（1）CMP 指令的功能是将源操作数[Sl ·]和[S2 ·]的数据进行比较，结果送到目标操作数[D ·]中，其指令代码为 FNC10，指令说明如图 14-2 所示。

当 X1=ON 时，将十进制数 Kl00 与计数器 C2 的当前值进行比较，比较结果送到 M0 ~ M2 中，若 K100 > C2 的当前值时，M0=ON；若 K100=C2 的当前值时，M1=ON；若 K100 < C2 的当前值时，M2 为 ON。当 X1=OFF 时，不进行比较，M0 ~ M2 的状态保持不变。

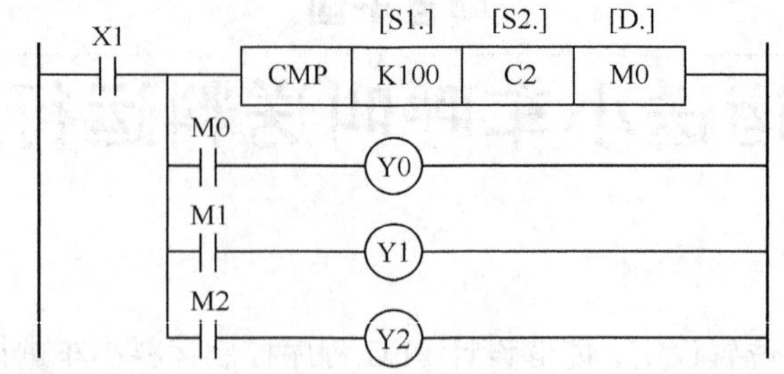

图 14-2　CMP 指令说明

（2）ZCP 指令的功能是将源操作数[S]的数值与另外两个操作数[S1・]和[S2・]进行比较，结果送到目标操作元件[D・]中，且源数据[S1・]≤[S2・]，指令说明如图 14-3 所示。当 X1=ON 时，执行 ZCP 指令，将 T2 的当前值与 10 和 15 比较，结果送到 M3～M5 中，若 10＞T2 的当前值，M3=0N，若 10≤T2 的当前值≤15 时，M4=ON，若 15＜T2 当前值时，M5=ON。当 X1=OFF 时，ZCP 指令不执行，M3～M5 的状态保持不变。

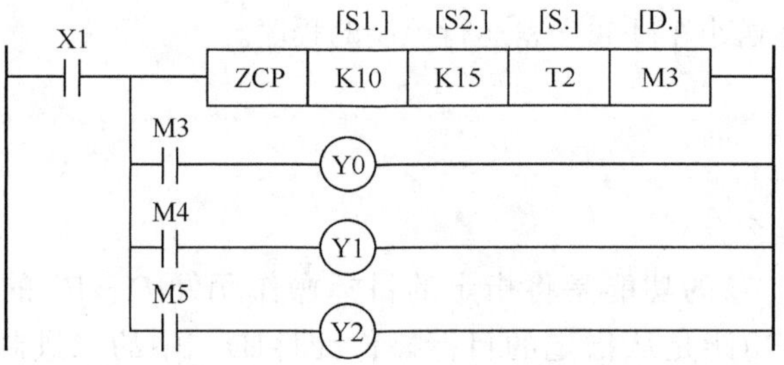

图 14-3　ZCP 指令说明

三、思考与练习

某系统 X1 为输入端，从输入端输入脉冲，当脉冲数大于 6 时，小灯 L1 亮，其余情况 L1 均熄灭，用 CMP 指令设计控制指令。

四、实训

1. 控制要求

本项目的任务是安装与调试送料车呼叫送料 PLC 控制系统，如图 14-4 所示，控制要求如下。

（1）起停控制。

① 按下启动按钮，系统启动。

② 按下停止按钮，送料车完成当次送料任务后，系统停止工作。

③ 按下紧急停止按钮，系统立即停止工作。

（2）初始状态：系统启动时，送料车停在任意一个工作台的行程开关处，保持不动。

（3）送料车往返控制。

现假设送料车暂停于 M 号工作台处，N 号工作台开始呼叫，这时送料车会有 3 种情况：

① N＜M，送料车左行，直到 SQN 动作，到位停车；

② N > M，送料车右行，直到 SQN 动作，到位停车；

③ N = M，送料车停在原位不动。

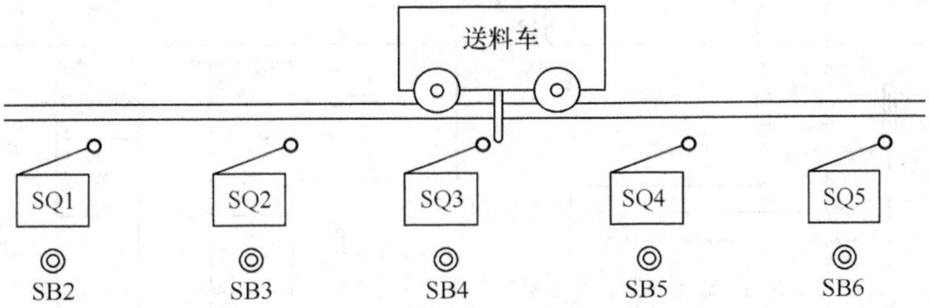

图 14-4　送料车工作示意图

2. 分析控制要求

（1）按下停止按钮时，如果小车正在运行或刚启动，则不能立即停止，要等到本次运料任务完成，小车到达呼叫工作台时，系统才能停止。

（2）系统刚启动时，小车应停止不动。

（3）当某工作台呼叫时，系统应能对呼叫信号和小车当前位置信号进行比较，由比较结果决定小车应当向左运行、向右运行还是原地不动。

（4）小车必须到位后停止，小车运行期间其余工作台发出的呼叫信号无效。

3. 确定输入设备

根据系统要求，系统有启动、停止、5 个呼叫和 5 个到位信号。由此确定，系统的输入设备有 7 只按钮和 5 只行程开关，PLC 需用 12 个输入点分别与它们的常开触头相连。

4. 确定输出设备

送料小车有正、反两个运动方向：左行和右行，由此确定，系统的输出设备有 2 只接触器，PLC 应当用 2 个输出点分别驱动正、反转接触器的线圈。

5. I/O 点分配（见表 14-1）

表 14-1　　输入/输出设备及 I/O 点分配表

输　入			输　出		
元件代号	功能	输入点	元件代号	功能	输出点
SB0	启动	X0	KM1	向前接触器	Y0
SB1	停止	X1	KM2	向后接触器	Y1
SB2	1 号仓呼叫	X2			
SB3	2 号仓呼叫	X3			
SB4	3 号仓呼叫	X4			
SB5	4 号仓呼叫	X5			
SB6	5 号仓呼叫	X6			
SQ1	1 号仓限位	X7			
SQ2	2 号仓限位	X10			
SQ3	3 号仓限位	X11			
SQ4	4 号仓限位	X12			
SQ5	5 号仓限位	X13			
SB7	紧急停止	X14			

6. 系统线路图（见图 14-5）

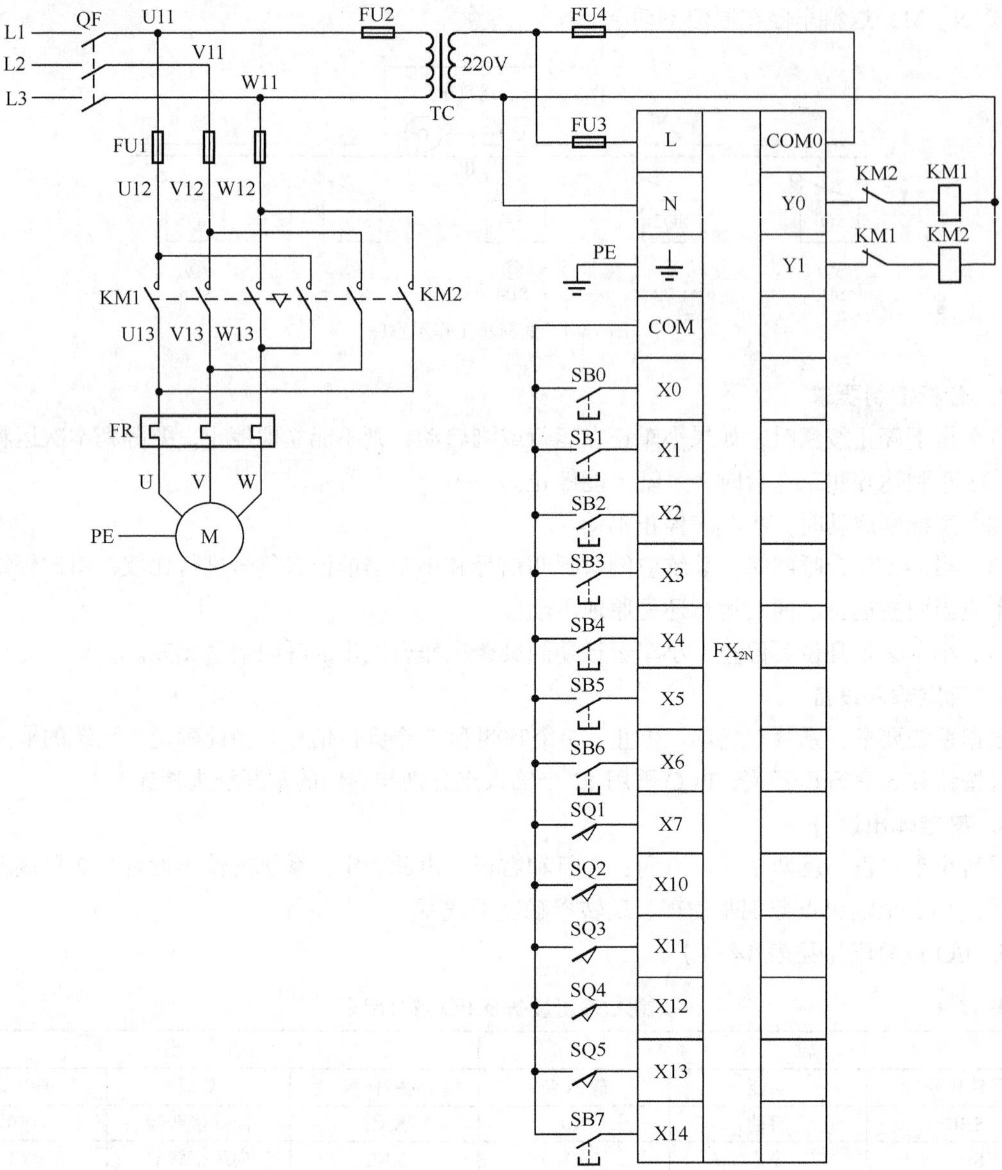

图 14-5 呼叫送料小车控制系统电路图

7. 程序设计（见图 14-6）

8. 程序说明

在程序中，用 1 ~ 5 代表 1 ~ 5 号料仓，当按下 SB2 时，就把常数 K1 装入 D0 中，当 2 ~ 4 号料仓呼叫时，相应数据 K2 ~ K4 送入 D0；当 SQ1 发出信号时，把常数 K1 装入 D1 中，当 2 ~ 4 号料仓的行程开关发出信号时，相应数据 K2 ~ K4 送入 D1。把 D0 和 D1 中的数据进行比较，如果[D0] > [D1]，则小车右行，如果[D0] < [D1]，则小车左行。

五、质量评价

质量评价标准如表 14-2 所示。

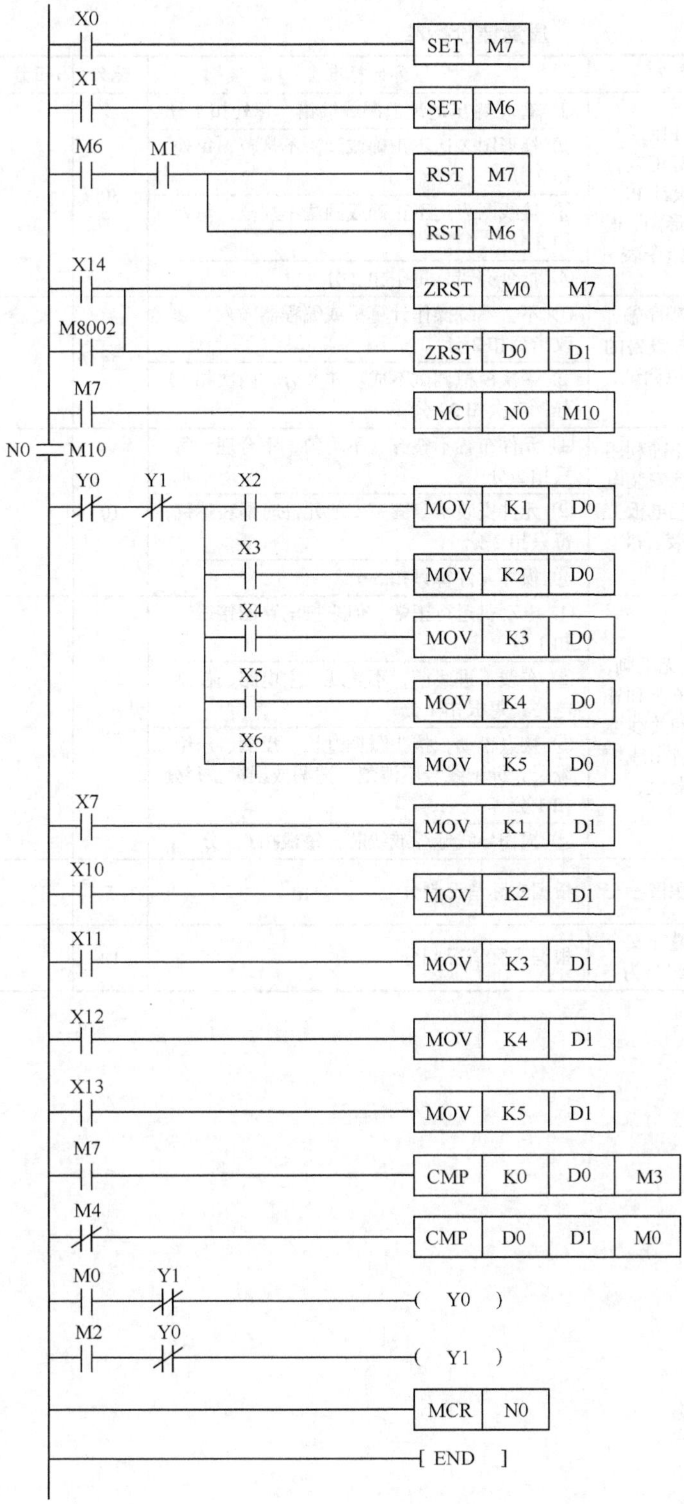

（a）梯形图

```
LD      X0
SET     M7
LD      X1
SET     M6
LD      M6
AND     M1
RST     M7
RST     M6
LD      X14
OR      M8002
ZRST    M0
        M7
ZRST    D0
        D1
LD      M7
MC      N0
        M10
LDI     Y0
ANI     Y1
MPS
AND     X2
MOV     K1
        D0
MRD
AND     X3
MOV     K2
        DO
MRD
AND     X4
MOV     K3
        D0
MRD
AND     X5
MOV     K4
        D0
MPP
AND     X6
MOV     K5
        D0
LD      X7
MOV     K1
        D1
LD      X10
MOV     K2
        D1
LD      X11
MOV     K3
        D1
LD      X12
MOV     K4
        D1
LD      X13
MOV     K5
        D1
LD      M7
CMPP    K0
        D0
        M3
LDI     M4
CMP     D0
        D1
        M0
LD      M0
ANI     Y1
OUT     Y0
LD      M2
ANI     Y0
OUT     Y1
MCR     N0
END
```

（b）指令表

图 14-6　程序设计

表 14-2　　　　　　　　　　质量评价标准

序号	主要内容	考核要求	评分标准	配分	扣分	得分
1	程序设计	根据任务，列出 PLC 控制 I/O 口，地址分配表，根据控制要求，设计 PLC 外部接线图和梯形图，根据梯形图，列出指令表	① 输入/输出地址遗漏或搞错，每处扣 1 分	30		
			② 梯形图表达不正确或画法不规范，每处扣 2 分			
			③ 接线图表达不正确或画法不规范，每处扣 2 分			
			④ 指令有错，每条扣 2 分			
2	程序输入及调试	能正确地将所编程序输入 PLC，按照被控设备的动作要求进行模拟调试，达到设计要求	① 不会熟练操作计算机或编程器输入、修改指令扣 2 分	25		
			② 一次模拟调试不成功扣 8 分，两次扣 15 分，三次扣 20 分			
3	元件安装	按图纸的要求，正确利用工具和仪表，熟练安装电气元件，元件在配电板上布置要合理，安装要准确、紧固	① 元件布置不整齐、不均匀、不合理，每只扣 2 分	10		
			② 元件安装不牢固，安装元件时漏装螺钉，每只扣 2 分			
			③ 损坏元件每只扣 5 分			
4	布线	要求美观、紧固、无毛刺，导线要进线槽。电源和外部设备配线、按钮接线要接到端子排上，进出线槽的导线要有端子标注。	① 电动机运行正常，但未按电路图接线，扣 1 分	20		
			② 布线不进线槽，不美观，主电路、控制电路，每根扣 1 分			
			③ 接点松动，接头露铜过长、反圈、压绝缘层，标记线号不清楚、遗漏或误标，每处扣 1 分			
			④ 损伤导线绝缘或线芯，每根扣 0.5 分			
5	团体合作精神	小组分工协作，积极参与	根据实际情况判分	5		
6	安全文明生产	正确使用设备，遵守安全用电原则，无违纪行为	根据实际情况判分	10		

项目十五

PLC 系统综合设计练习

可编程序控制器的基本编程已经初步掌握，同时要系统了解设计步骤，学会运用 PLC 编程控制实际生产设备。可以从一台普通机床着手进行 PLC 电气控制改造，逐步设计较为复杂的控制程序。在编程的同时再不断学习 PLC 的其他编程内容，如：跳转指令和新的功能指令等。

一、任务目标

熟悉 PLC 的系统设计步骤，学会综合利用 PLC 解决实际问题的方法。

- 了解 PLC 的抗干扰措施。
- 了解 PLC 的维护和故障诊断。
- 能初步完成机床控制电路的 PLC 程序改造。
- 能掌握 PLC 控制系统的一般设计、安装方法。

二、任务知识

可编程序控制器的系统设计

PLC 的工作方式和通用微机不完全一样，因此，用 PLC 设计自动控制系统与微机控制系统开发过程也不完全相同，需要根据 PLC 的特点进行系统设计。PLC 与继电器控制系统也有本质区别，硬件和软件可分开进行设计是 PLC 的一大特点。PLC 应用设计，一般应按如图 15-1 所示的几个步骤进行。

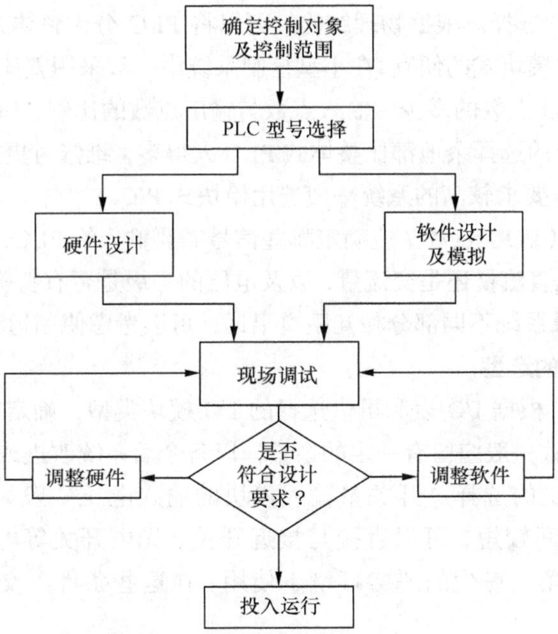

图 15-1　PLC 系统设计流程图

1. 熟悉控制对象确定控制范围

首先要全面详细地了解被控制对象的特点和生产工艺过程，归纳出工作循环图或状态流程图，与继电器控制系统和工业控制计算机进行比较后加以选择。如果控制对象是工业环境较差，而安全性、可靠性要求又特别高、系统工艺又复杂、输入/输出点数多，则用常规继电器系统难以实现，工艺流程又要经常变动的机械和现场，用 PLC 进行控制是合适的。

对确定了的控制对象，还要明确控制任务和设计要求。要了解工艺过程和机械运动与电气执行元件之间的关系和对电气控制系统的控制要求。例如，机械运动部件的传动和驱动，液压气动的控制，仪表及传感器的连接与驱动等。最后归纳出电气执行元件的动作节拍表。PLC 的根本任务就是正确实现这个节拍表。

上面的状态流程图和节拍表完整地反映了被控制对象的功能和对 PLC 的基本要求，也是 PLC 控制系统的设计依据，必须仔细研究。

2. 可编程序控制器的型号选择

在确定 PLC 的型号时，应考虑以下问题。

（1）PLC 的硬件功能。开关量控制是 PLC 的基本问题，对于开关量控制系统，主要需要考虑 PLC 的最大开关量 I/O 点数是否能满足系统要求。

某些系统对 PLC 的功能有特殊要求，例如通信联网、PID 控制、快速响应、高速计数和运动控制等，模块式 PLC 应考虑是否有相应的特殊功能模块。有的整体式 PLC 集成有高速计数器、高速脉冲输出、模拟量调节电位器、脉冲捕捉、实时时钟功能和中断功能。对于有模拟量输入/输出的系统，需要考虑 PLC 的最大模拟量 I/O 点数是否能满足要求，每个模块的点数和平均每点的价格。

（2）PLC 指令系统的功能。对于小型单台仅需要开关量控制的设备，一般小型 PLC 便可以满足要求。如果系统要求 PLC 完成某些特殊功能，应考虑 PLC 的指令系统是否有相应的指令来支持。

（3）PLC 物理结构的选择。根据物理结构，可以将 PLC 分为整体式和模块式，整体式 PLC 每一 I/O 点的平均价格比模块式的便宜，在小型控制系统中一般采用整体式 PLC。但是模块式 PLC 的功能扩展方便灵活，I/O 点数的多少、输入点数与输出点数的比例、I/O 模块的种类和块数、特殊 I/O 模块的使用等方面的选择余地都比整体式 PLC 大得多，维修时更换模块、判断故障范围也很方便，因此较复杂的、要求较高的系统一般选用模块式 PIC。

（4）确定输入/输出（I/O）点数。应确定哪些信号需要输入给 PLC，哪些负载由 PLC 驱动，是开关量还是模拟量，是直流量还是交流量，以及电压的等级是否有特殊要求，例如快速响应等，并建立相应的表格。如果系统不同部分相互距离很远，可以考虑使用远程 I/O。

3. PLC 的 I/O 模块的选型

PLC 的型号选好后，根据 I/O 表和可供选择的 I/O 模块类型，确定 I/O 模块的型号和块数。选择 I/O 模块时，I/O 点数一般应留有一定的余量，以备今后系统改进或扩充的使用。

（1）开关量输入模块的选择。开关量输入模块的输入电压一般为 DC 24V 和 AC 220V。直流输入电路的延迟时间较短，可以直接与接近开关、光电开关等电子输入装置连接。交流输入方式适合于在有油雾、粉尘的恶劣环境下使用，在这些条件下交流输入触点的接触较为可靠。

（2）开关量输出模块的选择。继电器型输出模块的工作电压范围广，触点的导通压降小，承受瞬时过电压和瞬时过电流的能力较强，但是动作速度较慢，触点寿命（动作次数）有一定的限制。如果系统的输出信号变化不是很频繁，建议优先选用继电器型的。

晶体管型与双向晶闸管型输出模块分别用于直流负载和交流负载，他们的可靠性高，反应速度快，寿命长，但是过载能力稍差。

选择时应考虑负载电压的种类和大小、系统对延迟时间的要求、负载状态变化是否频繁等，还应注意同一输出模块对电阻性负载、电感性负载和白炽灯的驱动能力的差异。例如 FX 的继电器型模块的最高工作电压为 AC250V，可以驱动 2A 的电阻性负载、80VA 的电感性负载和 100W 的白炽灯。额定输出电流还与温度有关，温度升高时额定输出电流减小，有的 PLC 提供了有关的曲线。

输出模块的输出电流额定值应大于负载电流的最大值，大多数模块对每组的总输出电流也有限制，例如 0.5A/点、0.8A/4 点。

选择 I/O 模块还需要考虑下面问题。

（1）输入模块的输入电路应与外部传感器的输出电路的类型配合，使二者能直接相连，例如有的 PLC 的输入模块只能与 NPN 晶体管集电极开路输出的传感器直接相连，如果选用 NPN 晶体管发射极输出的传感器，需要在二者之间增加转换电路。

（2）模拟量模块的选择：应考虑变送器、执行机构的量程是否能与 PLC 的模拟量输入/输出模块的量程匹配。模拟量模块的 A/D、D/A 转换器的位数反映了模块的分辨率，8 位的模块分辨率低，价格便宜，12 位的则反之。模拟量模块的转换时间反映了模块的工作速度。

（3）成本方面的考虑：选择某些高密度 I/O 模块（例如 32 点开关量 I/O 模块），可以降低系统成本，但是高密度模块一般用 D 型插座来连接 I/O 线，不如普通 I/O 模块的接线端子那样方便。

（4）相应时间和抗干扰能力：I/O 模块有不同的响应时间和抗干扰能力。一般来说，更高的响应速度将会牺牲干扰抑制能力。因此，如果高的响应速度不是必须的，应选择有更高的干扰抑制能力但是工作速度较慢的 I/O 模块。

（5）高速输入：高速计数器可以对编码器提供的高速脉冲列计数，可以提供与 PLC 的扫描工作方式无关的立即输出。应考虑高速计数器的功能和工作频率是否能满足要求。

4. 外部电路设计

外部电路设计主要包括与 PLC 的连接电路，各种运行方式的强电电路，电源系统及接地系统的设计。这是关系 PLC 系统的可靠性、功能及成本的问题。PLC 选型再好，程序设计再好，外部电路不配套，也不能构成良好 PLC 控制系统。

外部电路设计应注意以下 4 点。

（1）画出主电路及不进入 PLC 的控制电路。为了保证系统的可靠性，手动电路、急停电路一般可以不进入 PLC 的控制电路。

（2）画出 PLC 输入输出接线图。

① 按输入/输出设备分配表的规定，将现场信号接在 PLC 的对应端子上，一般输入/输出设备可以直接与 PLC 的 I/O 端子相连，但是，当配线距离长或接近强干扰源，或大负荷频繁通断的外部信号，最好加中间继电器进行再次隔离。

② 输入电路一般由 PLC 内部提供电源，输出电路根据负载额定电压和额定电流外接电源。输出电路需要注意每个输出继电器的触点容量及公共端（COM）的容量。

③ 为了保证输出触点的安全和防止干扰，当执行元件为感性负载时，交流负载线圈两端加浪涌吸收回路，如阻容电路或压敏电阻。直流负载线圈两端加续流二极管。

④ 输出公共端要加熔断器保护，以免负载短路损坏 PLC。

（3）对重要的互锁，如电动机正反转、热继电器等，需在外电路中用硬接线再连锁。

（4）画出 PLC 的电源进线接线图和执行电器供电系统图。

5. 程序设计

程序设计包括系统初始化程序、主程序、子程序、中断程序、故障应急措施和辅助程序的设计等，小型开关量控制系统一般只有主程序。

首先应根据总体要求和控制系统的具体情况，确定用户程序的基本结构，画出程序流程图或开关量控制系统的顺序功能图。他们是编程的主要依据，应尽可能地准确和详细。

较简单的系统的梯形图可以用经验法设计，复杂的系统一般用顺序控制设计法设计。画出系统的顺序功能图后，根据它设计出梯形图程序。有的编程软件可以直接用顺序功能图语言来编程。

在编程软件中，可以给用户程序中的各个变量命名，变量名称可以在梯形图中显示出来，便于程序的阅读和调试，变量名称的定义要简短、明确。

6. 模拟调试

将设计好的程序写入 PLC 后，首先逐条检查程序，并改正写入时出现的错误。

用户程序一般先在实验室模拟调试，实际的输入信号可以用钮子开关盒按钮来模拟，各输出量的通/断状态用 PLC 上有关的发光二极管来显示，一般不用接 PLC 实际的负载（如接触器、电磁阀等）。实际的反馈信号（如限位开关的接通）可以根据顺序控制功能图，在适当的时候用开关或按钮来模拟。

对于顺序控制程序，调试程序的主要任务是检查程序的运行是否符合顺序控制功能图的规定，即在某一转换条件实现时，发生步的活动状态是否正确，该转换所有的前级步是否变为不活动的，以及各步被驱动的负载是否接通。

在调试时应先充分考虑各种可能的情况。系统的各种不同的工作方式，选择顺序功能图中每一条支路逐一检查，不能遗漏。发现问题及时修改梯形图和 PLC 中的程序，直到在各种可能的情况下输入量与输出量之间的关系完全符合要求。

如果程序中的某些定时器或计数器的设定值过大，为了缩短调试时间，可以调试时将它们减小，模拟调试结束后再写入它们的实际设定值。

7. PLC 的试运行

PLC 系统在正式投入使用之前，必须对其进行必要的检查与试运行，以确保其正式运行时的安全可靠，方法如下。

（1）首先在接通电源之前，应检查电源、接地及输入/输出导线的连接是否正确，输入端与电源端之间的短路或者是输出端负载的短路都会严重地损坏 PLC。

（2）检查 PLC 的绝缘电阻。先不接通工作电源，断开 PLC 的所有连线，然后在各端子与接地端子间用 DC 500V 兆欧表测量绝缘电阻，其阻值应大于 5MΩ以上。

（3）接通 PLC 工作电源，但暂时处于 STOP 状态，使用手持式编程器或其他外部设备写入程序，然后再将程序读出，检查程序是否能正确传输。同时用手持式编程器实行对 PLC 各输出强制 ON/OFF 状态检查，检查程序功能，电路错误和语法错误。

（4）将 PLC 的 RUN/STOP 开关设置在 RUN 位置，PLC 就可以开始运行。即使在运行中也可以改变定时器、计数器、数据寄存器的设定值，对各元件进行强制 ON/OFF 状态检查。

系统试运行必须经过足够长的时间，以便让各种异常情况尽可能暴露出来，经过进一步完善处理，才能保证系统运行的顺利进行。

8. **硬件接线**

硬件接线包括两部分：一是控制柜与现场设备之间的接线；二是控制柜内部 PLC 周围电器元件之间的接线。

在连接控制柜与现场设备时应注意以下几个问题：电源线、动力线和信号线（包括直流信号线、交流信号线和模拟量信号线）都应各自分开，分别用电缆敷设；各种电缆在与控制柜和现场设备连接处最好使用接插件，如航空接头等；电缆的屏蔽要良好，如在电缆两端的接线处，屏蔽层应尽量多地覆盖电缆芯线，电缆屏蔽层应单端接地，控制柜的外壳也应妥善地接地等；电缆应分类编号，要求排放整齐、美观。

控制柜内部的接线，主要是指 PLC 的电源、接地、输入、输出、通信等接线端子到各输出端子板或柜内其他电器元件之间的连接。总的要求是：各种类型的电源线、控制线、信号线、输入线、输出线都应各自分开，最好采用线槽走线；信号线与电源线应尽量不要平行敷设；所有导线要分类编号，排列整齐；PLC 的所有接线端子最好采用标准接插件统一连接到端子板上，以便于检修；不同的接线端子，其接线还应遵循各自的接线特点。

（1）电源接线。PLC 的工作电源有 220/240V 单相交流、100/110V 单相交流和 DC24V 直流 3 种。在 PLC 的面板上有 3 个对应的电源接线端子和一个零线接线端子。实际接线时只能选择其中的一种电源接入对应的电源端子。我国通常使用 220V 单相交流电源，接线时，将火线接入 PLC 的“200/220V”的接线端子，零线接入 PLC 的“零线”端子（千万不能接入 PLC 的“地线”端子）。

为了安全起见，交流电源一般需经刀开关、熔断器后再送入 PLC。如果电源干扰特别严重，还应安装变化为 1∶1 的隔离变压器。PLC 若有扩展单元，其电源必须与基本单元的电源共用一个开关，以保证基本单元和扩展单元上通电和断电同时进行。

如果电源发生故障，中断时间在 10ms 以下，PLC 的工作一般不受影响；中断时间超过 10ms 或电源电压下降超过允许值时，PLC 停止工作，所有输出点同时断开；电源断电后又马上恢复（中断时间大于 10ms）的，如果原来的 RUN 开关还处于接通状态，则 PLC 会自动重新执行程序。当然，这样会产生一些意想不到的后果。因此，应为 PLC 设置掉电保护功能。

PLC 各基本单元的功耗（不包括任何外部负载的功耗）一般约几十伏安，如 F_1-60MR-UL 基本单元的功耗为 40VA。

（2）地线接线。一般情况下，地线可以不接。但良好的接地可以保证 PLC 更可靠地工作。在 PLC 的面板上有一个接地端子，应把它可靠接地，接地电阻应小于 4Ω。若有扩展单元，其接地线应与基本单元的接地线接在一起，并接入同一接地点。

值得注意的是，PLC 最好使用专用接地线。如果难以做到，PLC 和其他设备也应采用公共接地，决不允许和其他设备串联接地，否则，效果将会更差。

（3）输入接线。PLC 面板上的输入端子是 PLC 控制信号的输入口。其数目的多少是 PLC 重要的性能参数。输入端子只能连接按键开关、行程开关、限位开关、接触器或继电器的辅助触点、光电开关、接近开关、集电极开路的 NPN 三极管等主要开关器件，也可接受 A/D 或 D/A 转换等与 PC 配套的输入模块。各开关器件的一端接输入端子，另一端接 PLC 的 COM 口，而接入 PLC 的各开关器件对 PLC 来说，都只相当于一个开关。当这一开关接通时，靠 PLC 内部电源通过输入器件向 PLC 输入端提供约 7mA 电流，从而给 PLC 提供特定的输入控制信号。因此，对开关型的手动器件，不需要再另接外部电源。对一些需要电源的传感器，可以直接使用 PLC 上提供的 24V 的直流电源。

（4）输出接线。PLC 的输出端子连接 PLC 内部的继电器、晶闸管或晶体管组成的输出电路，相当于一个开关，由程序决定其通、断状态；外部直接连接交、直流电源和灯泡、电炉、电铃、小型电动机、电磁阀、接触器线圈、继电器的线圈、驱动电路等负载组成的闭合回路，以实现控制要求。其中电源的类型和电压等级由所接负载类型决定。

9. PLC 的抗干扰

PLC 是专门为工业环境设计的控制装置，一般不需要采取什么特殊的措施，就可以直接在工业环境使用。但是环境过于恶劣，电磁干扰特别强烈或者安装使用不当，都不能保证系统的正常安全运行。干扰可能使 PLC 接收到错误信号，造成误动作，或者使 PLC 内部的数据丢失，严重时甚至会使系统失控。应采取相应的抗干扰措施。

（1）PLC 应远离强干扰源，例如大功率晶闸管、变频器、高频焊机和大型动力设备等。PLC 不能与高压电器安装在同一开关柜内，在柜内，PLC 应远离动力线，二者之间的距离应大于 200mm。与 PLC 装在同一开关柜内的电感性元件，如继电器，接触器的线圈，应并联 RC 消弧电路。信号线与动力线应该分开走线，电力电缆应单独走线，不同类型的线应分别装入不同的电缆线槽中，并使其有尽可能大的空间距离，信号线应尽量靠近地线或接地的金属导体。

（2）电源是干扰进入 PLC 的主要途径之一，电源干扰主要是通过供电线路的阻抗耦合产生的，各种大功率用电设备和产生谐波的设备，如大功率晶闸管和变频器，是主要的干扰源。在干扰较强或对可靠性要求很高的场合，可以在 PLC 的交流电源输入端加接带屏蔽层的隔离变压器和低通滤波器，隔离变压器可以抑制从电源线窜入的外来干扰，提高抗高频共模干扰的能力。

10. PLC 的维护与故障诊断

（1）PLC 的可靠性很高，维护工作量极少。出现故障时通过 PLC 上的发光二极管和编程器能迅速查明故障原因。通过更换单元或模块，一般可以迅速排除故障。

① 锂电池的更换。

PLC 断电时，RAM 中用户程序由锂电池保持，它的使用寿命为 2～5 年。当它的电压降到规定值以下，PLC 上的 BATTERY（电池）LED 亮，提醒操作人员更换锂电池。更换时 RAM 中内容是用 PLC 中电容充电保持的，应在说明书中规定的时间内更换好电池，否则 PLC 将失去停电时的记忆功能。

② PLC 的故障诊断。

PLC 的说明书一般都会给出 PLC 故障的诊断方法、诊断流程图和错误代码。根据它们很容易检查出 PLC 的故障。

若有故障产生，首先断开电源，检查 PLC 及输入/输出元件的端子螺钉是否松动或者被开路或短路。然后根据 PLC 装置上各种 LED 灯亮的情况，按以下的要领检查是 PLC 自身的异常，还是外部电路的故障。

（2）利用 FX 系列 PLC 基本单元上的 LED 诊断故障的方法如下。

① 若电源输入正常，“POWER”（电源）LED 不亮，可以判断 PLC 工作不正常。PLC 基本单元、扩展单元、扩展模块及特殊功能模块面板上的“POWER”LED 是靠基本单元或扩展单元内的直流电源点亮的，当接通工作电源后，若该灯不亮，则取下 PLC 的+24V 端子接线，这时若指示灯闪亮，表明传感器电源的负载（PLC 给外部传感器供电时）有问题。这种情况下，应使用外接+24V 直流电源给传感器供电。发现 PLC 内部的熔丝熔断时，可能是有导电性异物混入致使电路产生短路，或 PLC 内部电源损坏引起短路。

② 编程器处于 MOUITOR 状态，基本单元“RUN”运行时输入端触点接通，但是基本单元上的“RUN”LED 不亮，是基本单元出了毛病。

③ “BATTERY”LED 亮，应更换电池。

④ 某输入触点接通，相应 LED 不亮；或未输入信号时输入 LED 亮，可以判断是输入模块出了问题。

⑤ 输出 LED 亮，硬件输出继电器触点不动作，是输出模块的故障。

⑥ “CPU Error”LED 闪亮，表示 PLC 用户程序的内容因外界原因发生改变。可能的原因有：锂电池电压下降、外部干扰的影响和 PLC 内部故障。写入程序时的语法错误也会使它闪亮。

⑦ “CPU Error”LED 常亮，表示 PLC 的 CPU 运行失控或者扫描周期超过在 D8000 中所设定的警戒定时器常数值。这种故障可能由外部干扰和 PLC 内部故障引起。

⑧ “PROGRAM Error”LED 闪亮，表示定时器、计数器的常数没有设定，或程序出错，程序存储器的内容不恰当。这种情况下，应重新写入正确的程序。

“CPU Error”LED 亮时，应查明原因，对症采取措施。

三、思考与训练

1. PLC 控制系统的应用设计一般分哪几个步骤？
2. PLC 选型要考虑几方面的因素？
3. 选择 I/O 模块需要考虑哪些因素？
4. 系统设计中外部电路设计时应注意哪些？
5. 改造如图 15-2 所示的 C650 车床继电-接触器控制系统。

改造要求：

（1）根据电气控制图确定 PLC 型号，画出 PLC 外部接线图；

（2）列出继电-接触器控制电路与 PLC 控制电路的器件 I/O 分配表；

（3）写出梯形图程序指令表。

四、实训

以下为 PLC 在传统机床电路电气改造中的应用举例。

万能铣床是一种通用的多用途机床，它可以用圆柱铣刀、圆片铣刀、角度铣刀、成型铣刀及端面铣刀等刀具对各种零件进行平面、斜面、螺旋面及成型表面的加工，还可以加装万能铣头、分度头和圆工作台等机床附件来扩大加工范围。

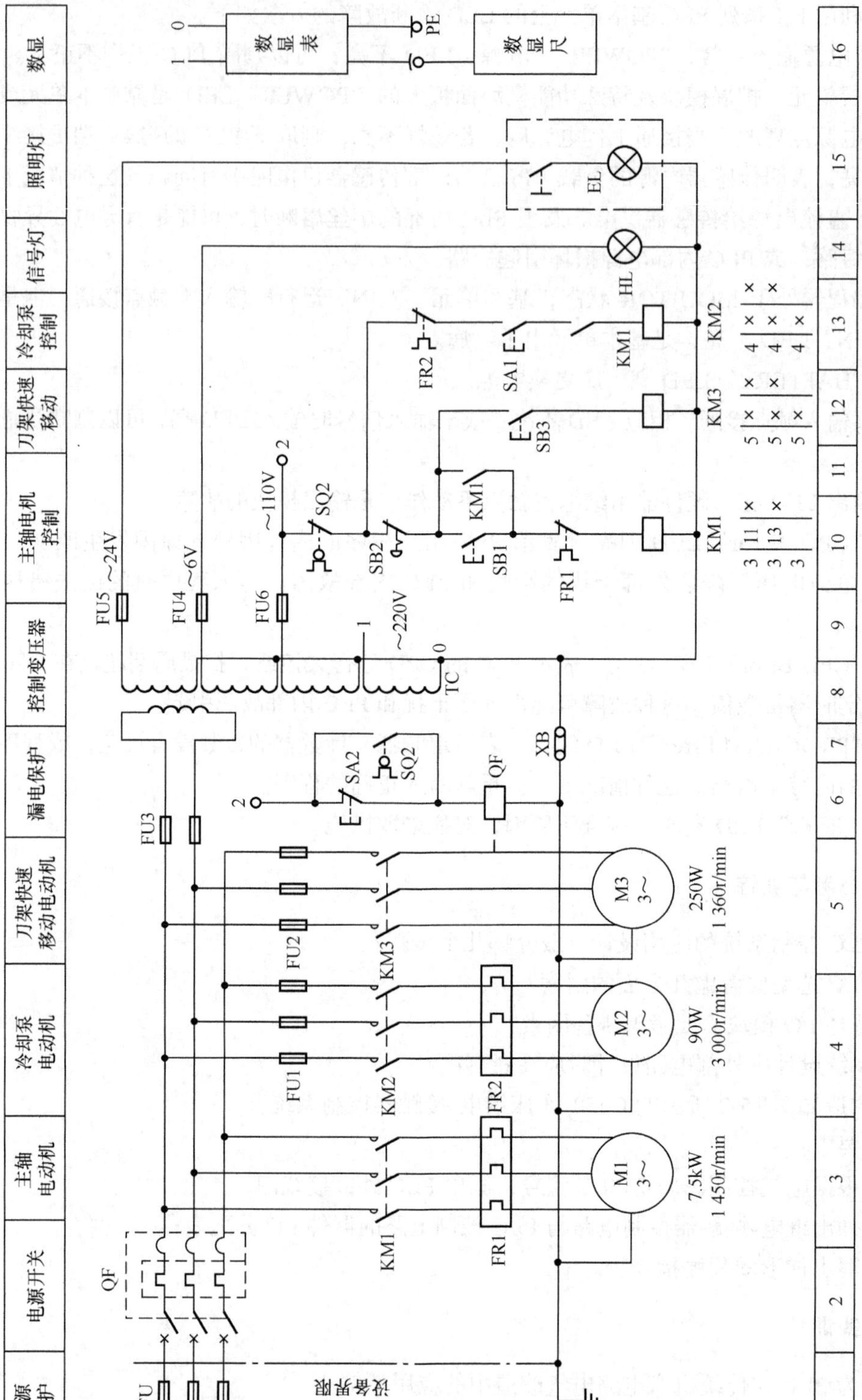

图 15-2 C650 车床继电-接触器控制系统

X62W 万能铣床主要由底座、床身、主轴、悬梁、刀杆、升降台、横溜板、回转盘和工作台等几部分组成。工件放置在工作台上，工作台可以前后纵向移动；工作台放置在可以转动的回转盘上，回转盘放置在可以横向移动的横溜板上，而横溜板又放置在可以上下移动的升降台上。因此安装在工作台上的工件能够进行前后左右上下多个方向运动。

1. 控制要求

（1）铣削加工有顺铣和逆铣两种加工方式，因此主轴电动机 M1 要能够正反转，但方向改变并不频繁；主轴电动机采用电磁离合器制动，以实现准确停车。

（2）铣床的工作台要求有 6 个方向的进给运动，因此也要求进给电动机能正反转；进给的快速移动通过电磁铁和机械挂档来完成；圆工作台的回转运动由进给电动机经传动机构驱动。

（3）主轴运动和进给运动采用变速盘进行速度选择，两种运动都要求变速后作瞬时点动，以保证变速齿轮良好地啮合。

（4）当主轴电动机或冷却泵电动机过载时，进给运动必须立即停止，以免损坏刀具和铣床。

（5）根据加工工艺的要求，铣床应具有以下电气联锁。

① 只有主轴旋转后进给运动和进给的快速移动才允许执行，以防止刀具和铣床的损坏。

② 只有进给停止后主轴才能停止，以减小加工工件的表面粗糙度。也可采用主轴运动和进给运动同时停止的方式，因为主轴运动的转动惯量很大，这样实际上就保证了进给运动先停止，主轴运动后停止的要求。

③ 6 个方向的进给运动间必须有联锁，以保证机械操纵手柄每次操作只能执行一个方向的进给运动。

（6）要求有冷却系统、照明设备及必要的保护措施。

2. 控制任务

运用 PLC 对铣床进行电气改造，而机床的机械部分保持不变。为便于操作机床，所有主令器件的位置都保持原位不变，并将它们作为输入元件与 PLC 输入点（X）相连；电磁离合器 YC1 ~ YC3 及交流接触器 KM1 ~ KM4 作为输出元件和 PLC 的输出点（Y）相连，并都保持原型号及规格不变。

在电气改造时，铣床控制线路的主回路不变，而涉及触点较多，连线较为复杂的控制回路由 PLC 编程代替，为使梯形图程序具有正确的逻辑关系，首先必须仔细分析 X62W 万能铣床继电器控制电路的各个环节，理清其逻辑关系。

3. X62W 万能铣床继电器控制电路解读如图 15-3 所示

其电气元件功能表如表 15-1 所示。

（1）主轴电动机 M1 的控制。

继电器控制原理图中，主轴电动机 M1 由接触器 KM1 控制，主轴旋转方向事先可通过转换开关 SA3 来选择。为便于操作，在机床的两边各有一个启停按钮，按下启动按钮 SB1 或 SB2，接触器 KM1 线圈得电并自锁，主轴电动机运转；按下停止按钮 SB5 或 SB6，常闭触点 SB5-1 或 SB6-1 断开，接触器 KM1 线圈断电，常开触点 SB5-2 或 SB6-2 闭合，主轴制动电磁离合器 YC1 得电，主轴电动机停转。

为便于更换刀具，可转动转换开关 SA1，使 SA1-2 闭合，YC1 得电，主轴制动；同时 SA1-1 断开，切断控制回路，以防换刀时启动主轴发生意外。

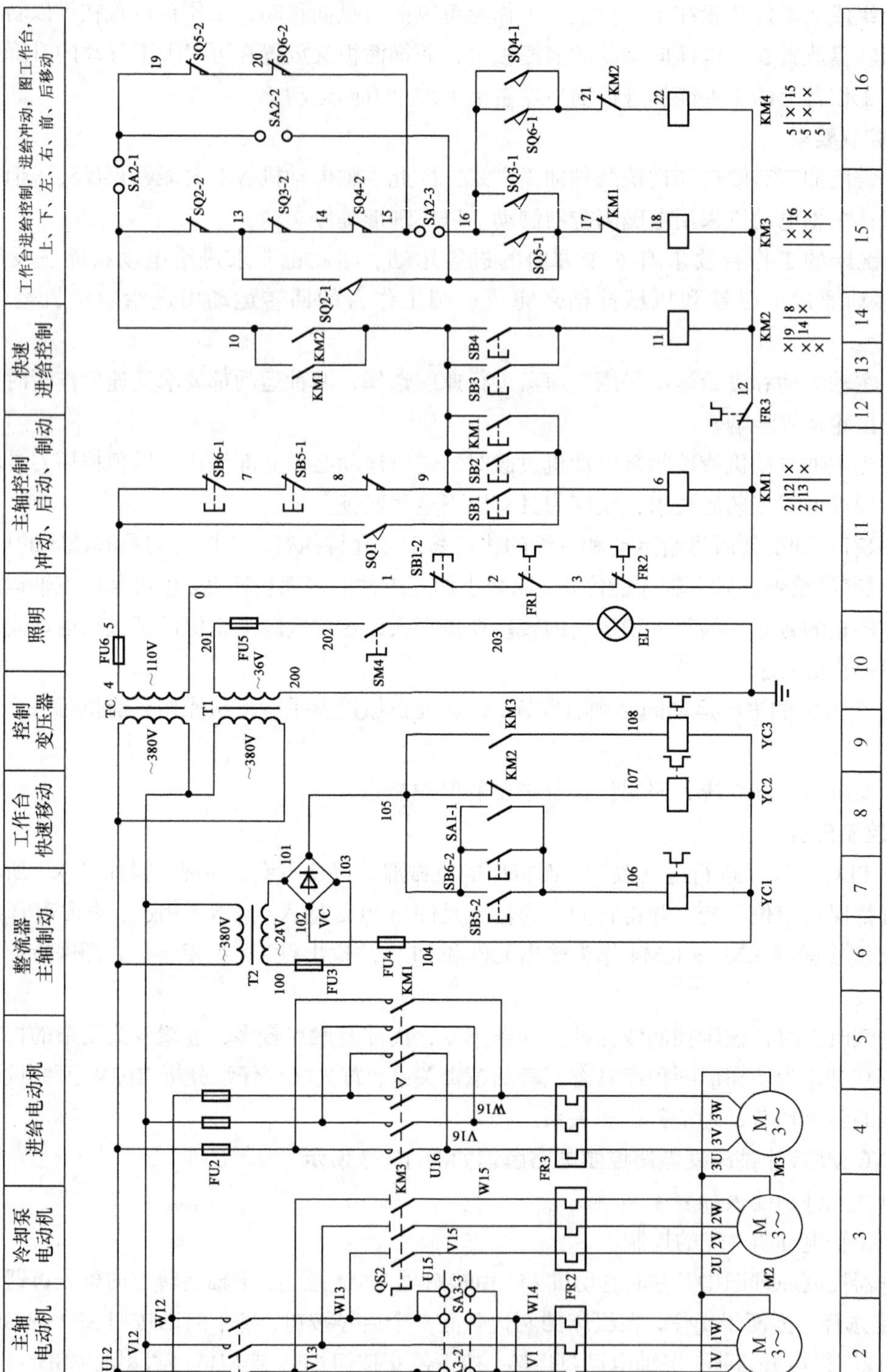

图 15-3　X62W 万能铣床继电器控制电路

表 15-1　　X62W 万能铣床电气元件功能表

电 气 符 号	名称及功能	电 气 符 号	名称及功能
M1	主轴电动机	SQ2	进给变速冲动行程开关
M2	冷却泵电动机	SQ3	工作台向前、下进给行程开关
M3	进给电动机	SQ4	工作台向后、上进给行程开关
KM1	主轴电动机接触器	SQ5	工作台向左进给行程开关
KM2	快速进给接触器	SQ6	工作台向右进给行程开关
KM3、KM4	进给电动机正、反转接触器	T1	照明变压器
QS1	电源开关	T2	整流变压器
QS2	冷却泵开关	TC	控制变压器
SA1	主轴换刀制动开关	YC1	主轴制动电磁离合器
SA2	圆工作台转换开关	YC2、YC3	快慢速进给电磁离合器
SA3	主轴换向开关	FR1	主轴电动机过载保护
SA4	照明灯开关	FR2	冷却泵电动机过载保护
SB1、SB2	主轴启动按钮	FR3	进给电动机过载保护
SB3、SB4	快速进给按钮	FU1 ~ FU6	短路保护
SB5、SB6	主轴停止按钮	VC	整流桥
SQ1	主轴变速冲动行程开关	EL	照明灯

主轴在变速时，应先将变速手柄下压，再向外拉动手柄，转动变速盘选择所需转速，然后快速将手柄推回原位。在手柄推拉过程中，凸轮瞬间压下弹簧杆使冲动开关 SQ1 瞬时动作，接触器 KM1 线圈瞬时得电，以便于变速齿轮啮合。

（2）进给电动机 M2 的控制。

① 工作台纵向（前、后）和升降（上、下）进给控制。

先将工作台转换开关 SA2 扳在断开位置，此时 SA2-1 和 SA2-3 接通。工作台的纵向和升降进给运动是由一个操纵手柄控制的，该操纵手柄有上、下、前、后和中间零位 5 个位置，并与位置开关 SQ3 和 SQ4 联动。当手柄处在中间位置时，SQ3、SQ4 均未被压合，工作台无任何进给运动；当手柄扳至向下或前位置时，位置开关 SQ3 压合使常闭触点 SQ3-2 断开，常开触点 SQ3-1 闭合，接触器 KM3 线圈得电，电动机 M2 正转带动工作台向下或向前运动；当手柄扳至向上或后位置时，位置开关 SQ4 压合使常闭触点 SQ4-2 断开，常开触点 SQ4-1 闭合，接触器 KM4 线圈得电，电动机 M2 反转带动工作台向上或向后运动。由于手柄扳向不同位置时，电动机 M2 的传动链和不同的丝杠搭合，所以电动机 M2 只有正反两个转向却能实现工作台 4 个方向的进给运动。

② 工作台的横向（左、右）进给控制。

工作台转换开关 SA2 仍扳在 SA2-1 和 SA2-3 接通位置，横向操纵手柄控制工作台的左右横向进给运动，该操纵手柄有左、右和中间零位 3 个位置。当手柄处于中间位置时，位置开关 SQ5 和 SQ6 均未被压合，进给控制电路处于断开状态；扳动手柄时，位置开关 SQ5 或 SQ6 被压合的同时，通过机械结构将电动机 M2 的传动链与工作台下面的左右进给丝杠搭合。当手柄扳至向左位置时，位置开关 SQ5 压合使常闭触点 SQ5-2 断开，常开触点 SQ5-1 闭合，接触器 KM3 线圈得电，电动机 M2 正转带动工作台向左运动；当手柄扳至向右位置时，位置开关 SQ6 压合使常闭触点 SQ6-2 断开，常开触点 SQ6-1 闭合，接触器 KM4 线圈得电，电动机 M2 反转带动工作台向右运动。

③ 圆工作台的回转运动控制。

加工前应将转换开关 SA2 应扳到接通位置，此时触点 SA2-2 接通，触点 SA2-1 和 SA2-3 断开，电流经 10→13→14→15→20→19→17→18 路径，使接触器 KM3 线圈得电，电动机 M2 运转，通过一根专用轴带动圆形工作台作旋转运动；停止时仍将转换开关 SA 扳至断开位置，以保证工作台能够进行 6 个方向中任意一个方向的进给运动。

④ 进给变速冲动控制。

和主轴的变速冲动一样，为使齿轮良好的啮合，进给变速时也需要进行变速后的瞬时点动，铣床的进给变速冲动控制是由变速手柄和冲动开关 SQ2 通过机械上的联动机构实现的。变速时，先将操纵手柄放在中间位置，然后向外拉出蘑菇形进给变速盘，使进给齿轮松开，转动变速盘选择好进给速度，再把变速盘推回原位。在推进的过程中，挡块压下位置开关 SQ2，使常闭触点 SQ2-2 断开，常开触点 SQ2-1 闭合，接触器 KM3 得电，电动机 M2 启动；但随着变速盘的复位，位置开关 SQ2 复位，使 KM3 断电释放，M2 失电停转。这样使 M2 瞬时点动一下，齿轮系统产生一次抖动，齿轮也就顺利啮合了。

⑤ 工作台的快速移动控制

工作台的快速移动是通过电磁离合器 YC3 实现的。正常进给时，电磁离合器 YC2 得电，将齿轮传动链与进给丝杠搭合，电动机 M2 经齿轮传动系统通过进给丝杠控制工作台进给；按下按钮 SB3 或 SB4 后，接触器 KM2 得电，其常闭触点断开，电磁离合器 YC2 失电，使齿轮传动链与进给丝杠分离；同时 KM2 的常开触点使 YC3 得电，使电动机 M2 直接和进给丝杠搭合，带动工作台按选定的进给方向快速移动。

4. 利用 PLC 控制技术对控制电路部分进行改造

（1）X62W 万能铣床控制系统输入/输出分配表如表 15-2 所示。

表 15-2　　输入/输出分配表

输入			输出		
元件代号	作用	输入继电器	元件代号	输出继电器	作用
SB1、SB2	主轴启动	X000	KM1	Y000	主轴电动机 M1 控制
SB3、SB4	快速进给	X001	KM2	Y001	快速进给控制
SB5、SB6	主轴停止制动	X002	KM3	Y002	进给电动机 M2 正转
SA1	主轴换刀制动	X003	KM4	Y003	进给电动机 M2 反转
SA2-1	正常进给	X004	YC1	Y004	主轴制动
SA2-2	圆工作台	X005	YC2	Y005	正常进给
SQ1	主轴冲动	X006	YC3	Y006	快速进给
SQ2	进给冲动	X007			
SQ3	向下、前进给	X010			
SQ4	向上、后进给	X011			
SQ5	向左进给	X012			
SQ6	向右进给	X013			

M0 ~ M8 对应的控制环节如表 15-3 所示。

表 15-3　　M0 ~ M8 对应控制环节

PLC 内部辅助继电器	X62W 万能铣床控制环节
M0	主轴启动
M1	快速进给
M2	主轴变速冲动
M3	进给变速冲动
M4	工作台向下、前进给
M5	工作台向上、后进给
M6	工作台向左进给
M7	工作台向右进给
M8	圆工作台进给

（2）PLC 输入/输出接线图如图 15-4 所示。

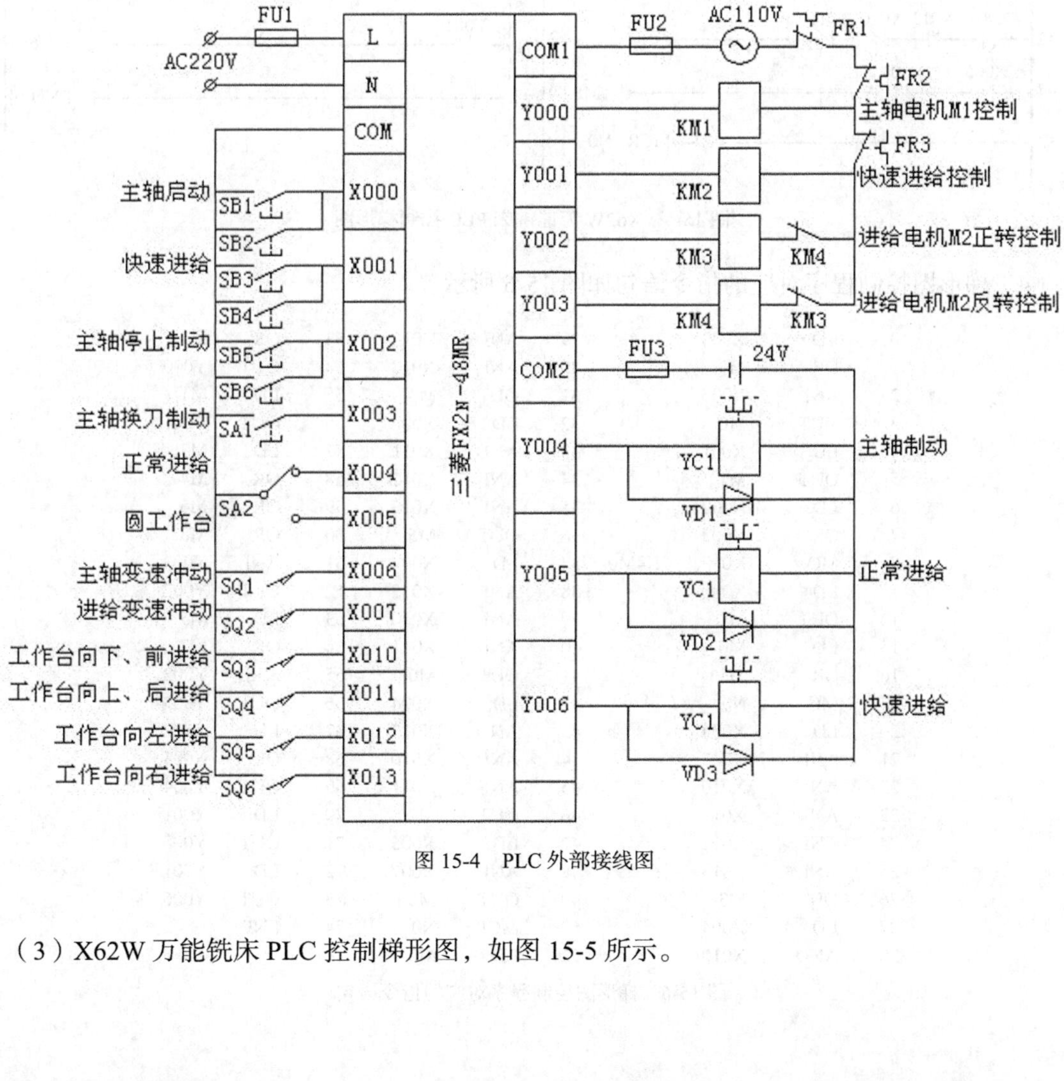

图 15-4　PLC 外部接线图

（3）X62W 万能铣床 PLC 控制梯形图，如图 15-5 所示。

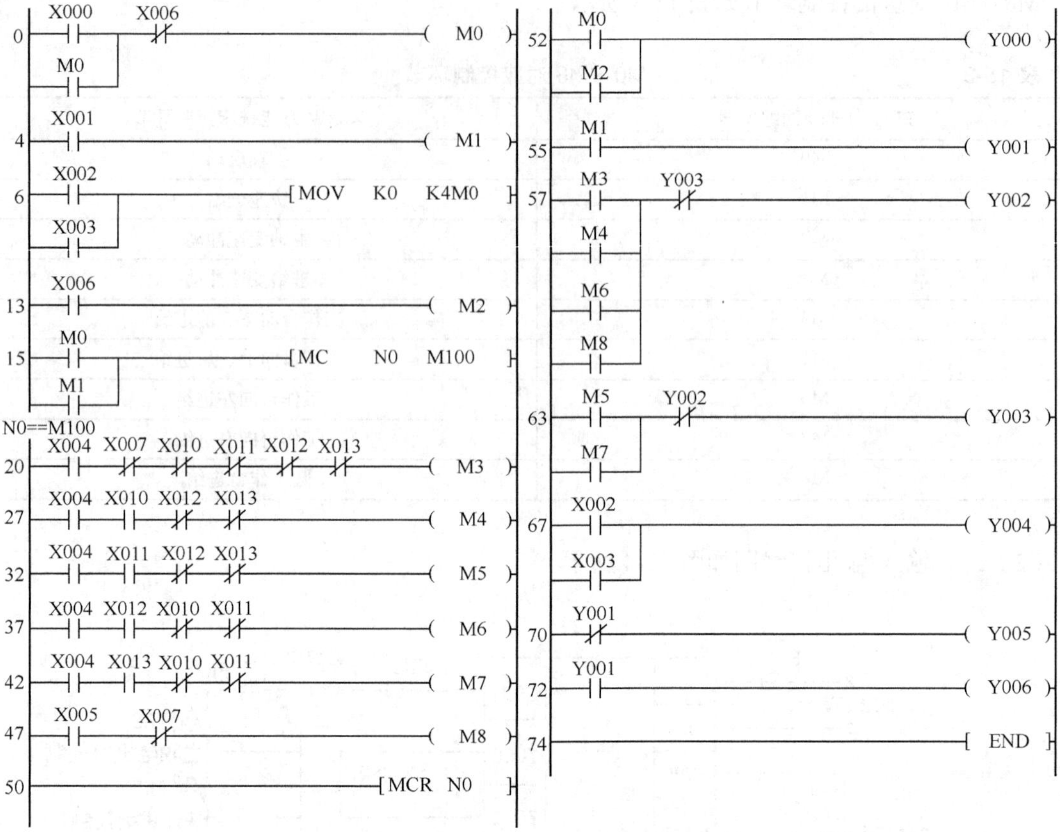

图 15-5　X62W 万能铣床 PLC 控制梯形图

（4）梯形图控制程序对应的指令语句如图 15-6 所示。

0	LD	X000		29	ANI	X012	53	OR	M2
1	OR	M0		30	ANI	X013	54	OUT	Y000
2	ANI	X006		31	OUT	M4	55	LD	M1
3	OUT	M0		32	LD	X004	56	OUT	Y001
4	LD	X001		33	AND	X011	57	LD	M3
5	OUT	M1		34	ANI	X012	58	OR	M4
6	LD	X002		35	ANI	X013	59	OR	M6
7	OR	X003		36	OUT	M5	60	OR	M8
8	MOV	K0	K4M0	37	LD	X004	61	ANI	Y003
13	LD	X006		38	AND	X012	62	OUT	Y002
14	OUT	M2		39	ANI	X010	63	LD	M5
15	LD	M0		40	ANI	X011	64	OR	M7
16	OR	M1		41	OUT	M6	65	ANI	Y002
17	MC	N0	M100	42	LD	X004	66	OUT	Y003
20	LD	X004		43	AND	X013	67	LD	X002
21	ANI	X007		44	ANI	X010	68	OR	X003
22	ANI	X010		45	ANI	X011	69	OUT	Y004
23	ANI	X011		46	OUT	M7	70	LDI	Y001
24	ANI	X012		47	LD	X005	71	OUT	Y005
25	ANI	X013		48	ANI	X007	72	LD	Y001
26	OUT	M3		49	OUT	M8	73	OUT	Y006
27	LD	X004		50	MCR	N0	74	END	
28	AND	X010		52	LD	M0			

图 15-6　梯形图控制程序对应的指令语句

五、质量评价

质量评价标准如表 15-4 所示。

表 15-4　　质量评价标准

序号	主要内容	考核要求	评分标准	配分	扣分	得分
1	程序设计	根据任务，列出 PLC 控制 I/O 口，地址分配表，根据控制要求，设计 PLC 外部接线图和梯形图，根据梯形图，列出指令表	① 输入/输出地址遗漏或搞错，每处扣 1 分 ② 梯形图表达不正确或画法不规范，每处扣 2 分 ③ 接线图表达不正确或画法不规范，每处扣 2 分 ④ 指令有错，每条扣 2 分	30		
2	程序输入及调试	能正确地将所编程序输入 PLC，按照被控设备的动作要求进行模拟调试，达到设计要求	① 不会熟练操作计算机或编程器输入、修改指令扣 2 分 ② 一次模拟调试不成功扣 8 分，两次扣 15 分，三次扣 20 分	25		
3	元件安装	按图纸的要求，正确利用工具和仪表，熟练安装电气元件，元件在配电板上布置要合理，安装要准确、紧固	① 元件布置不整齐、不均匀、不合理，每只扣 2 分 ② 元件安装不牢固，安装元件时漏装螺钉，每只扣 2 分 ③ 损坏元件每只扣 5 分	10		
4	布线	要求美观、紧固、无毛刺，导线要进线槽。电源和外部设备配线、按钮接线要接到端子排上，进出线槽的导线要有端子标注	① 电动机运行正常，但未按电路图接线，扣 1 分 ② 布线不进线槽，不美观，主电路、控制电路，每根扣 1 分 ③ 接点松动，接头露铜过长、反圈、压绝缘层，标记线号不清楚、遗漏或误标，每处扣 1 分 ④ 损伤导线绝缘或线芯，每根扣 0.5 分	20		
5	团体合作精神	小组分工协作，积极参与	根据实际情况判分	5		
6	安全文明生产	正确使用设备，遵守安全用电原则，无违纪行为	根据实际情况判分	10		

附录 A

FX_{1S}、FX_{1N}、FX_{2N}、FX_{2NC}的应用指令一览表

分类	指令编号	指令助记符	功　　能	F_{1S}	F_{1N}	FX_{2N}	FX_{2NC}
程序流程	00	CJ	条件跳转	√	√	√	√
	01	CALL	子程序调用	√	√	√	√
	02	SRET	子程序返回	√	√	√	√
	03	JRET	中断返回	√	√	√	√
	04	EI	中断许可	√	√	√	√
	05	DI	中断禁止	√	√	√	√
	06	FEND	主程序结束	√	√	√	√
	07	WDT	监控定时器	√	√	√	√
	08	FOR	循环范围开始	√	√	√	√
	09	NEXT	循环范围终了	√	√	√	√
传送与比较	10	CMP	比较	√	√	√	√
	11	ZCP	区域比较	√	√	√	√
	12	MOV	传送	√	√	√	√
	13	SMOV	移位传送	×	×	√	√
	14	CML	倒转传送	×	×	√	√
	15	BMLV	一并传送	√	√	√	√
	16	RMOV	多点传送	×	×	√	√
	17	XCH	交换	×	×	√	√
	18	BCD	BCD 转换	√	√	√	√
	19	BIN	BIN 转换	√	√	√	√
四则逻辑运算	20	ADD	BIN 加法	√	√	√	√
	21	SUB	BIN 减法	√	√	√	√
	22	MUL	BIN 乘法	√	√	√	√
	23	DIV	BIN 除法	√	√	√	√
	24	INC	BIN 加 1	√	√	√	√
	25	DEC	BIN 减 1	√	√	√	√
	26	WAND	逻辑字与	√	√	√	√
	27	WOR	逻辑字或	√	√	√	√
	28	WXOR	逻辑字异或	√	√	√	√
	29	NEG	求补码	×	×	√	√
循环移位	30	ROR	循环右移	×	×	√	√
	31	ROL	循环左移	×	×	√	√
	32	RCR	带进位循环右移	×	×	√	√
	33	RCL	带进位循环左移	×	×	√	√
	34	SFTR	位右移	√	√	√	√
	35	SFTL	位左移	√	√	√	√
	36	WSFR	字右移	×	×	√	√
	37	WSFL	字左移	×	×	√	√

续表

分类	指令编号	指令助记符	功　能	F_{1S}	F_{1N}	FX_{2N}	FX_{2NC}
循环移位	38	SFWR	位移写入	√	√	√	√
	39	SFRD	位移读出	√	√	√	√
数据处理	40	ZRST	批次复位	√	√	√	√
	41	DECO	译码	√	√	√	√
	42	ENCO	编码	√	√	√	√
	43	SUM	ON 位数	×	×	√	√
	44	BON	ON 位数判定	×	×	√	√
	45	MEAN	平均值	×	×	√	√
	46	ANS	信号报警置位	×	×	√	√
	47	ANR	信号报警置位	×	×	√	√
	48	SOR	BIN 开方	×	×	√	√
	49	FLT	BIN 整数→2 进制浮点数转换	×	×	√	√
高速处理	50	REF	输入/输出刷新	√	√	√	√
	51	REFF	滤波器调整	×	×	√	√
	52	MTR	矩阵输入	√	√	√	√
	53	SHCS	比较置位（高速计数器）	√	√	√	√
	54	HSCR	比较置位（高速计数器）	√	√	√	√
	55	HSZ	区间比较（高速计数器）	×	×	√	√
	56	SPD	脉冲密度	√	√	√	√
	57	PLSY	脉冲输出	√	√	√	√
	58	PWM	脉冲调制	√	√	√	√
	59	PLSR	带加减速的脉冲输出	√	√	√	√
方便指令	60	IST	初始化状态	√	√	√	√
	61	SER	数据查找	×	×	√	√
	62	ABSD	凸轮控制（绝对方式）	√	√	√	√
	63	INCD	凸轮控制（增量方式）	√	√	√	√
	64	TTMR	示数定时器	×	×	√	√
	65	STMR	特殊定时器	×	×	√	√
	66	ALT	交替输出	√	√	√	√
	67	RAMP	斜坡信号	√	√	√	√
	68	ROTC	旋转工作台控制	×	×	√	√
	69	SORT	数据排列	×	×	√	√
外围设备 I/O	70	TKY	数字键输入	×	×	√	√
	71	HKY	16 键输入	×	×	√	√
	72	DSW	数字式开关	√	√	√	√
	73	SEGD	7 段译码	×	×	√	√
	74	SEGL	7 段码按时间分割显示	√	√	√	√
	75	ARWS	箭头开关	×	×	√	√
	76	ASC	ASCII 码交换	×	×	√	√
	77	PR	ASCII 码打印输出	×	×	√	√
	78	FROM	BFM 读出	×	√	√	√
	79	TO	BFM 写入	×	√	√	√

续表

分类	指令编号	指令助记符	功　能	F_{1S}	F_{1N}	FX_{2N}	FX_{2NC}
外围设备SER	80	RS	串行数据传送	√	√	√	√
	81	PRIN	8进制位传送	√	√	√	√
	82	ASCI	HEX—ASCII 转换	√	√	√	√
	83	HEX	ASCII—HEX 转换	√	√	√	√
	84	CCD	校验码	√	√	√	√
	85	VRPD	电位器读出	√	√	√	√
	86	VRSC	电位器刻度	√	√	√	√
	87						
	88	PID	PIC 运算	√	√	√	√
	89						
浮点数	110	ECMP	2进制浮点数比较	×	×	√	√
	111	EZCP	2进制浮点数区间比较	×	×	√	√
	118	EBCD	2进制浮点数—10进制浮点数转换	×	×	√	√
	119	EBIN	10进制浮点数—2进制浮点数转换	×	×	√	√
	120	EADD	2进制浮点数加法	×	×	√	√
	121	ESUB	2进制浮点数减法	×	×	√	√
	122	EMUL	2进制浮点数乘法	×	×	√	√
	123	EDIV	2进制浮点数除法	×	×	√	√
	127	ESOR	2进制浮点数开方	×	×	√	√
	129	INT	2进制浮点—BIN 整数转换	×	×	√	√
	130	SIN	浮点数 SIN 运算	×	×	√	√
	131	COS	浮点数 COS 运算	×	×	√	√
	132	TAN	浮点数 TAN 运算	×	×	√	√
	147	SWAP	上下字节交换	×	×	√	√
定位	155	ABS	ABS 当前值读出	√	√	×	×
	156	ZRN	原点回归	√	√	×	×
	157	PLSY	可变度的脉冲输出	√	√	×	×
	158	DRVI	相对定位	√	√	×	×
	159	DRVA	绝对定位	√	√	×	×
时钟连算	160	TCMP	时钟数据比较	√	√	√	√
	161	TZCP	时钟数据区间比较	√	√	√	√
	162	TADD	时钟数据加法	√	√	√	√
	163	T SUB	时钟数据减法	√	√	√	√
	166	TRD	时钟数据读出	√	√	√	√
	167	TWR	时钟数据写入	√	√	√	√
	169	HOUR	计时仪	√	√	×	×
外围设备	170	GRY	格雷码交换	×	×	√	√
	171	GBIN	格雷码逆交换	×	×	√	√
	176	RD3A	模拟块读出	×	√	×	×
	177	WR3A	模拟块写入	×	√	×	×
接点比较	224	LD=	(S1)=(S2)	√	√	√	√
	225	LD >	(S1) > (S2)	√	√	√	√
	226	LD <	(S1) < (S2)	√	√	√	√

续表

分类	指令编号	指令助记符	功　能	F_{1S}	F_{1N}	FX_{2N}	FX_{2NC}
接点比较	228	LD< >	(S1)≠(S2)	√	√	√	√
	229	LD≤	(S1)≤(S2)	√	√	√	√
	230	LD≥	(S1)≥(S2)	√	√	√	√
	232	AND=	(S1)=(S2)	√	√	√	√
	233	AND>	(S1)>(S2)	√	√	√	√
	234	AND<	(S1)<(S2)	√	√	√	√
	236	AND< >	(S1)≠(S2)	√	√	√	√
	237	AND≤	(S1)≤(S2)	√	√	√	√
	238	AND≥	(S1)≥(S2)	√	√	√	√
	240	OR=	(S1)=(S2)	√	√	√	√
	241	OR>	(S1)>(S2)	√	√	√	√
	242	OR<	(S1)<(S2)	√	√	√	√
	244	OR< >	(S1)≠(S2)	√	√	√	√
	245	OR≤	(S1)≤(S2)	√	√	√	√
	246	OR≥	(S1)≥(S2)	√	√	√	√

附录 B

FX_{2N}特殊辅助继电器和数据寄存器表

为了便于读者方便查找，将 FX_{2N} 特殊辅助继电器和特殊数据寄存器分类列表。

一、PLC 状态（M8000 ~ M8009，D8000 ~ D8009）

PLC 状态继电器（M8000 ~ M8009）和状态数据寄存器（D8000 ~ D8009）如附表 B-1 所示。

附表 B-1　PLC 状态键电器（M8000 ~ M8009）和状态数据寄存器（D8000 ~ D8009）

地址号・名称	动作・功能	地址号・名称	寄存器的内容
[M] 8000 运行监控 a 接点	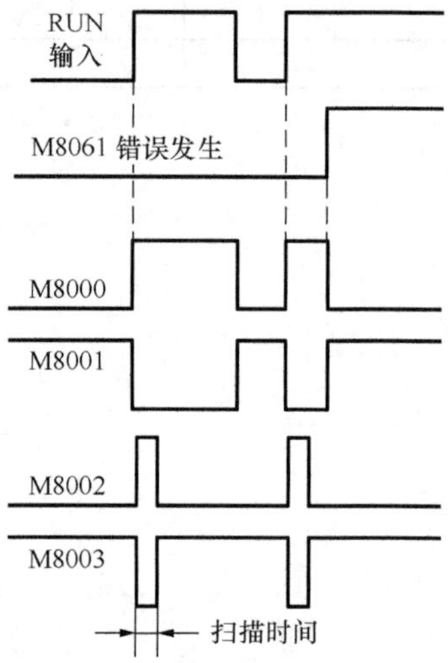	[D] 8000 监视定时器	初始值如右列所述（1ms 为单位）（当电源 ON 时，由系统 ROM 传送） 利用程序进行更改必须在 END，WDT 指令执行后方才有效
[M] 8001 运行监控 b 接点		[D] 8001 PC 类型和系统版本号	2 4 1 0 0 BCD 转换值 右述　版本号 V1.00
[M] 8002 初始脉冲 a 接点		[D] 8002 寄存器容量	2…2K 步 4…4K 步 8…8K 步
[M] 8003 初始脉冲 b 接点		[D] 8003 寄存器类型	保存不同 RAM/EEPROM/内置 EPROM/存储盒和存储器保护开关的 ON/OFF 状态
[M] 8004 错误发生	当 M8060 ~ M8067 中任意一个处于 ON 时动作（M8062 除外）	[D] 8004 错误 M 地址号	8 0 6 0 BCD 转换值 8060～8068（M8004 ON 时）
[M] 8005 电池电压过低	当电池电压异常过低时动作	[D] 8005 电池电压	3 6 BCD 转换值（0.1V 单位） 电池电压的当前值（例：3.6V）
[M] 8006 电池电压过低锁存	当电池电压异常过低后锁存状态	[D] 8006 电池电压过低检测电平	初始值 3.0V（0.1V 为单位）（当电源 ON 时，由系统 ROM 传送）
[M] 8007 瞬停检测	即使 M8007 动作，若在 D8008 时间范围内则 PC 继续运行	[D] 8007 瞬停检测	保存 M8007 的动作次数，当电源切断时该数值将被清除
[M] 8008 停电检测中	当 M8008ON→OFF 时，M8000 变为 OFF	[D] 8008 停电检测时间	AC 电源型：初始值 10ms 详细情况另行说明
[M] M8009 DC24V 失电	当扩展单元，扩展模块出现 DC24V 失电时动作	[D] 8009 DC24V 失电单元地址号	DC24V 失电的基本单元、扩展单元中最小输入元件地址号

二、PLC 时钟（M8010 ~ M8019，D8010 ~ D8019）

PLC 时钟继电器（M8010 ~ M8019）和时钟数据寄存器（D8010 ~ D8019）如附表 B-2 所示。

附表 B-2　PLC 时钟继电器（M8010 ~ M8019）和时钟数据寄存器（D8010 ~ D8019）

地址号・名称	动作・功能	地址号・名称	寄存器的内容
[M] 8010		[D] 8010 当前扫描值	由第 0 步开始的累计执行时间（0.1ms 为单位）
[M] 8011 10ms 时钟	以 10ms 的频率周期振荡	[D] 8011 最小扫描时间	扫描时间的最小值（0.1ms 为单位）
[M] 8012 100ms 时钟	以 100ms 的频率周期振荡	[D] 8012 最大扫描时间	扫描时间的最大值（0.1ms 为单位）
[M] 8013 1s 时钟	以 1s 的频率周期振荡	[D] 8013 秒	0 ~ 59s （实时时钟用）
[M] 8014 1min 时钟	以 1min 的频率周期振荡	[D] 8014 分	0 ~ 59min （实时时钟用）
[M] 8015	时钟停止和预置实时时钟用	[D] 8015 时	0 ~ 23h （实时时钟用）
[M] 8016	时间读取显示停止实时时钟用	[D] 8016 日	1 ~ 31 日 （实时时钟用）
[M] 8017	± 30s 修正 实时时钟用	[D] 8017 月	1 ~ 12 月 （实时时钟用）
[M] 8018	安装检测 实时时钟用	[D] 8018 年	公历两位（0 ~ 99） （实时时钟用）
[M] 8019	实时时钟（RTC）出错 实时时钟用	[D] 8019 星期	0（日）~ 6（六） （实时时钟用）

三、PLC 标志（M8020 ~ M8029，D8020 ~ D8029）

PLC 标志继电器（M8020 ~ M8029）和标志数据寄存器（D8020 ~ D8029）如附表 B-3 所示。

附表 B-3　PLC 标志继电器（M8020 ~ M8029）和标志数据寄存器（D8020 ~ D8029）

地址号・名称	动作・功能	地址号・名称	寄存器的内容
[M] 8020　零	加减运算结果为 0 时	[D] 8020 输入滤波调整	X000 ~ X017 的输入滤波数值 0 ~ 60（初始值为 10ms）
[M] 8021　借位	减法运算结果小于负的最大值时	[D] 8021	
[M] 8022　进位	加法运算结果发生进位时，换位结果溢出发生时	[D] 8022	
[M] 8023		[D]8023	
[M] 8024	BMOV 方向指定 （FNC 15）	[D] 8024	
[M] 8025	HSC 模式 （FNC53 ~ 55）	[D] 8025	
[M] 8026	RAMP 模式 （FNC 67）	[D] 8026	
[M] 8027	PR 模式 （FNC 77）	[D] 8027	
[M] 8028	在执行 FROM/TO（FNC78，79）指令过程中中断允许	[D] 8028	Z0（Z）寄存器的内容
[M] 8029 指令执行完成	当 DSW（FNC 72）等操作完成时动作	[D] 8029	V0（V）寄存器的内容

四、PLC 模式（M8030 ~ M8039，D8030 ~ D8039）

PLC 模式继电器（M8030 ~ M8039）和模式数据寄存器（D8030 ~ D8039）如附表 B-4 所示。

附表 B-4　PLC 模式继电器（M8030 ~ M8039）和模式数据寄存器（D8030 ~ D8039）

地址号・名称	动作・功能	地址号・名称	寄存器的内容
M 8030 电池 LED 熄灯指令	驱动 M8030 后，即使电池电压过低，PC 面板指示灯也不会亮灯	[D] 8030	
M 8031 非保持存储器 全部消除	驱动此 M 时，可以将 Y，M，S，T，C 的 ON/OFF 影像存储器和 T，C，D 的当前值全部清零 特殊寄存器和文件寄存器不清除	[D] 8031	
M 8032 保持存储器 全部消除		[D] 8032	
M 8033 存储器保持 停止	当可编程序控制器 RUN→STOP 时，将影像存储器和数据存储器中的内容保留下来	[D] 8033	
M 8034 所有输出禁止	将 PC 的外部输出接点全部置于 OFF 状态	[D] 8034	
M 8035 强制运行 模式	详细情况请参阅三菱公司有关产品手册的内容	[D] 8035	
M 8036 强制运行 指令		[D] 8036	
M 8037 强制停止 指令		[D] 8037	
M 8038 参数设定	通信参数设定标志 （简易 PC 间链接设定用）	[D] 8038	
M 8039 恒定扫描 模式	当 M8039 变为 ON 时，PC 直至 D8039 指定的扫描时间到达后才执行循环运算	[D] 8039 恒定扫描时间	初始值 0ms（以 1ms 为单位）（当电源 ON 时，由系统 ROM 传送）能够通过程序进行更改